Dorothee Döring
Nie wieder Mobbingopfer!

Dorothee Döring

Nie wieder Mobbingopfer!

Wie Sie sich gegen Psychoterror am
Arbeitsplatz zur Wehr setzen können

Die in diesem Ratgeber aufgezeigten Hilfen können nicht das therapeutische Gespräch ersetzen. Konsultieren Sie einen Arzt, wenn schwerwie-
gende körperliche Symptome vorliegen und wenden Sie sich an einen
Therapeuten, wenn Sie unter starken psychischen Beeinträchtigungen
leiden. Eine Haftung kann weder vom Verlag noch vom Autor übernommen werden. Autor und Verlag haben dieses Buch sorgfältig geprüft. Für
eventuelle Fehler kann dennoch keine Gewähr übernommen werden.

Bibliografische Information der Deutschen Nationalbibliothek
Die Deutsche Nationalbibliothek verzeichnet diese Publikation in der
Deutschen Nationalbibliografie; detaillierte bibliografische Daten
sind im Internet über http://dnb.d-nb.de abrufbar.

ISBN 978-3-86506-386-1
© 2012 by Joh. Brendow & Sohn Verlag GmbH, Moers
Einbandgestaltung: Brendow Verlag, Moers
Titelfoto: Thinkstock
Satz: BrendowPrintMedien, Moers
Druck und Bindung: Nørhaven, Viborg
Printed in Denmark

www.brendow-verlag.de

Inhalt

Ist es Naivität oder Zynismus,
was die meisten Menschen
es fertigbringen lässt,
aus Berührungspunkten immer
wieder Reibungsflächen zu machen?

Kristiane Allert-Wybranietz
(Dichterin und Lyrikerin)

Einführung

Mobbing am Arbeitsplatz: ein Phänomen, das für Arbeitnehmer und Arbeitgeber zum Problem wird: Gemobbte Arbeitnehmer werden durch den durch Mobbing verursachten Dauerstress krank. Für die Unternehmen zeigen sich die Folgen in nachlassender Produktivität und in einem vermeidbar hohen Krankenstand. Sich zu wehren ist für die meisten Betroffenen schwierig – weil Mobbing häufig sehr subtil erfolgt, fällt der Nachweis schwer.

Dieser Ratgeber grenzt die durch Mobbing verursachte seelische Gewalt von Stress, Arbeitsdruck, offenen Konflikten und Unstimmigkeiten ab und zeigt, dass sie weit mehr ist als Stress, auch wenn sie häufig mit Stress beginnt. Es wird deutlich gemacht, dass dauerhafter Stress zwar fatale Folgen hat, dass seelische Gewalt aber grundsätzlich *immer* zerstörerisch wirkt.

Wenn Mobber erst in die Offensive gehen und ein Mitarbeiter realisiert, dass er abgelehnt, gedemütigt, seine Arbeit in bösartiger Weise kritisiert wird und Äußerungen und Gesten gegen ihn beleidigend werden, sind die Auswirkungen auf seine Psyche verheerend.

Der Gemobbte wird in seiner Wahrnehmung verunsichert, kann anfangs kaum glauben, dass eine solche Niedertracht möglich ist, und quält sich anschließend mit der Frage *„Was habe ich bloß falsch gemacht, dass man mir derart übel mitspielt?"* Er muss Kränkungen verkraften, und spürt zunehmend Dauerdruck.

Die Folge davon ist Verunsicherung und Unkonzent-
riertheit, was zu Fehlern und Fehlleistungen führen kann,
die den Mobbern eine neue Angriffsfläche bieten. Neben
Denk- und Leistungsblockaden, Konzentrations- und
Schlafstörungen und anderen psychosomatischen Symptomen schlägt das, was Gemobbten passiert, viel tiefe-
re Wunden als normaler Stress, weil ihr Selbstwertgefühl
und ihre Würde angegriffen und beschädigt werden. Am
Ende können Gemobbte Selbstbewusstsein und Selbstver-
trauen verlieren, aber auch ihr Vertrauen und ihre Identifikation mit der Firma, und je mehr sie sich mit ihrer
Arbeit identifiziert haben, desto größer ist die oft traumatische Wirkung des Mobbings.

In diesem Ratgeber wird anhand verschiedenster Fallbeispiele erklärt, welche Rahmenbedingungen Mobbing
begünstigen und wie aus ungelösten Konflikten zunächst
Beziehungsstörungen und später Mobbing wird. Die ex-
emplarischen Fallbeispiele zeigen darüber hinaus, dass
beim Mobbing kein soziales und psychologisches Gleichgewicht zwischen den kommunizierenden Menschen besteht und dass letztlich fehlende Achtung, Wertschätzung
und Respekt, aber auch eine problematische Unterneh-
menskultur Beziehungsstörungen auf unterschiedlichs-
ten Ebenen ermöglichen.

Um das Phänomen Mobbing in all seinen Dimensio-
nen zu verdeutlichen, werden folgende Fragen geklärt:
- Was ist Mobbing?
- Welche Formen des Mobbings gibt es?
- Was sind die Ursachen für Mobbing?
- Welche Folgen hat Mobbing am Arbeitsplatz
- Wie kann man sich gegen Mobbing wehren?

Die Analyse der Fallbeispiele zeigt, dass Mobbing am Arbeitsplatz für alle Beteiligten schädlich ist, weil es sich nachteilig auf die Produktivität und die Qualität der Arbeit auswirkt, auf das Betriebsklima, aber auch auf den „Gemobbten", der sich oft nur mit erheblicher Anstrengung aus dem krankmachenden Arbeitsverhältnis befreien kann.

Das Anliegen meines Ratgebers besteht darin, die Mobbingproblematik aus verschiedenen Perspektiven anhand von Fallbeispielen darzustellen, die es ermöglichen sollen, selbst subtile Angriffe rechtzeitig zu erkennen und sie wirksam abzuwehren. (Ich gehe allerdings nicht auf „Bossing" ein.)

Unsere Gesellschaft bietet besonders begünstigende Rahmenbedingungen für Mobbing: Wettbewerb durch Globalisierung und Angst vor sozialem Abstieg, Respekt- und Rücksichtslosigkeit einer sich ausweitenden Ellbogengesellschaft und Rückgang gesellschaftlicher und christlicher Werte. Höflichkeit, Wertschätzung, Achtung und Rücksichtnahme zählen offenbar immer weniger, sondern nur noch der Kampf um Selbstdarstellung.

Wichtig ist mir, in diesem Ratgeber deutlich zu machen, dass Mobbing keine Naturgewalt ist, der man hilflos ausgeliefert ist, sondern dass Mobbing auch gestoppt werden kann. Dazu sind soziale Kompetenz und Konfliktfähigkeit erforderlich sowie sozialer und beruflicher Rückhalt. Wichtig ist mir ferner, bei allen Bewältigungsstrategien erkennbar werden zu lassen, dass ich mich am christlichen Menschenbild orientiere und Würde, Achtung und Wertschätzung in den Mittelpunkt stelle.

1. Merkmale des Mobbings

Mobbing ist ein aus dem Wort „Mob" (der Pöbel) abgeleiteter Begriff, wonach einzelne Personen in ihrer sozialen Gruppe ausgegrenzt, schikaniert und terrorisiert werden. In der Literatur findet man hierzu mehrere unterschiedliche Definitionen. Heinz Leymann, ein aus Deutschland ausgewanderter schwedischer Arzt und Psychologe, sprach von „Mobbing" ausschließlich in Bezug auf das Arbeitsleben.

„Der Begriff Mobbing beschreibt negative kommunikative Handlungen, die gegen eine Person gerichtet sind (von einer oder mehreren anderen) und die sehr oft und über einen längeren Zeitraum hinaus vorkommen und damit die Beziehung zwischen Täter und Opfer kennzeichnen."[1]

Die Gesellschaft gegen psychosozialen Stress und Mobbing (GpsM e.V.) entwickelte zusammen mit Leymann folgende überarbeitete und detaillierte Begriffsbestimmung:

„Mobbing ist eine konfliktbelastete Kommunikation am Arbeitsplatz unter Kollegen oder zwischen Vorgesetzten und Untergebenen, bei der die angegriffene Person unterlegen ist und von einer oder mehreren anderen Personen systematisch und während längerer Zeit direkt oder indirekt angegriffen wird mit dem Ziel und/oder dem Effekt des Ausstoßes und die angegriffene Person dies als Diskriminierung erlebt."[2]

Diese Definitionen zeigen die wichtigsten Eigenschaften des Begriffs auf. *Konfrontation, Belästigung, Nichtachtung der Persönlichkeit und Häufigkeit der Angriffe über einen längeren Zeitraum hinweg* sind Grundvoraussetzungen, damit von Mobbing überhaupt gesprochen werden kann.

Im Gegensatz zu normalen Auseinandersetzungen und Streit ist Mobbing seelische Gewalt, die die Würde des Opfers angreift. Mobbing richtet sich gegen das Selbstwertgefühl des Betroffenen mit dem Ziel, ihn in seiner Position zu schwächen. Es bezeichnet einen Prozess der systematischen Ausgrenzung und Erniedrigung eines anderen Menschen, die von einer oder mehreren Personen systematisch und vorsätzlich betrieben werden. Diese feindseligen Handlungen geschehen mit einer gewissen Regelmäßigkeit und über eine bestimmte Dauer.

Die Psychotherapeutin und Autorin Maire-France Hirigoyens definiert in ihrem Buch *„Wenn der Job zur Hölle wird: Seelische Gewalt am Arbeitsplatz und wie man sich dagegen wehrt"*[3] Mobbing als ein *Machtspiel*, mit dem der Mobber seine vermeintliche Überlegenheit ausspielt und alle Mittel einsetzt, um Macht über sein Opfer zu bekommen und eigene Defizite zu verschleiern. Dem Mobber geht es darum, den Gemobbten zu destabilisieren, ihn an sich selbst und den anderen zweifeln zu lassen oder ihn zu vernichten, ohne dass die Umgebung eingreift.

Marie-France Hirigoyen bezeichnet „Mobber" als „narzisstisch Perverse", die mit anderen Menschen Beziehungen knüpften, die auf Misstrauen und Manipulation beruhten. Es sei ihnen unmöglich, den anderen als bereicherndes, gleichwertiges Gegenüber zu betrachten. Sie sähen in ihm von vornherein einen Rivalen, den es zu

bekämpfen gelte. Sie müssten jeden dominieren und zerstören, der eine Bedrohung ihrer Macht darstellen könnte und projizierten ihre Gewalttätigkeit auf jeden, der sie
entlarven und ihre Schwächen zum Vorschein bringen
könnte. Die Autorin enttarnt Mobber als Menschen, denen es Vergnügen bereite, den „wunden Punkt" ihres Opfers bloßzulegen, um danach seine Identität zu beschädigen und zu zerstören. Die Autorin verwendet für dieses
perfide Verhalten den Begriff „perverse Gewalt"[4].

Konflikte am Arbeitsplatz gehören zum Alltag. Oft aber
eskalieren Konflikte, weil sie nicht erkannt, verschleppt
und nicht offen ausgetragen werden. Aus solchen Situationen kann Mobbing entstehen. Mobbing ist kein Kom-
munikationsproblem, sondern eine Perversion der Kommunikation, eine hinterhältige, unethische, aggressive
Kommunikation, die mit systematischer Wiederholung
arbeitet und das Ziel verfolgt, das Opfer zu eliminieren.

Mobbing ist die Manipulation der Arbeitsbedingungen
des Opfers, der Kommunikation, der Reputation und der
betrieblichen Aufgaben. Darüber hinaus ist Mobbing ein
kollektives Phänomen. Der Mobber betreibt Populismus
und sucht Sympathisanten.

Jeder, der glaubt, von Mobbing betroffen zu sein, muss
zunächst zu normalen Auseinandersetzungen am Arbeitsplatz eine Grenze ziehen und sich fragen: Wo hört der
alltägliche Konflikt auf, und wann fängt Mobbing an?
Denn, obwohl es psychologische und soziologische Definitionen gibt, bleibt festzustellen, dass es sich bei Mobbing immer um einen individuellen Prozess handelt, der
bei jeder Person anders beginnt und abläuft.

2. Formen des Mobbings

Mobbing ist seelische Gewalt und deshalb bedient sich Mobbing auch der Formen seelischer Gewalt.[5]

Die Formen des Mobbings sind:

- Ausgrenzung,
- offene Aggression,
- getarnte Aggression,
- aggressives Schweigen,
- indirekte oder verdeckte Aggression.

Ausgrenzung
In der Kantine oder bei betrieblichen Veranstaltungen suchen Sie vergebens nach einem Platz bei Ihren Kollegen. Sie erhalten auf berufliche Fragen keine adäquaten, weiterhelfenden Antworten. Ein fachliches Gespräch mit Ihnen wird vermieden. Informationen und Termine werden Ihnen vorenthalten. Besprechungen laufen ohne Sie ab.

Offene Aggression
Z. B. *direktes Mobbing:* Hierzu gehören hänseln, drohen, abwerten, beschimpfen, herabsetzen, bloßstellen, schikanieren. Ihre Arbeit wird von Ihren Kollegen unsachlich und negativ beurteilt. Provozierende, abwertende Kritik gilt auch Ihrem Auftreten und Aussehen. Sie wird teils durch abfällige, sarkastische Bemerkungen, teils nonverbal durch herablassende Blicke und Gesten zum Ausdruck gebracht.

Getarnte Aggression
Sie betreten den Raum und mehrere Kollegen stecken ver-
traut die Köpfe zusammen. Jetzt unterbrechen sie abrupt
ihre Unterhaltung. Wieder mal waren Sie Thema. Eine Erklärung bekommen Sie nicht. Ihre fragenden Blicke werden allenfalls mit frechem Grinsen beantwortet. Immer
wieder müssen Sie scheinbar harmlose Worte, hinterhältige Anspielungen, Unterstellungen und Ungeheuerlich-
keiten ertragen.

Aggressives Schweigen
Aggressives Schweigen macht es Ihnen unmöglich, etwa-
ige Probleme im Dialog mit dem Angreifer aufzuklären.
Aggressives Schweigen wird dann zur Folter, weil Sie die
Ignoranz und das herabsetzende Verhalten des Angreifers
weiter ertragen müssen.

Indirekte oder verdeckte Aggression
Indirektes Mobbing erfolgt durch Verbreitung von Gerüchten und Rufschädigung. Indirektes oder verdecktes
Mobbing liegt vor, wenn hinter Ihrem Rücken beim Chef
intrigiert wird. Im vertraulichen Gespräch mit dem Vorgesetzten sucht der Intrigant die Gelegenheit, geschickt
abwertende Bemerkungen über Sie fallen zu lassen, Tatsachen zu verdrehen und Gerüchte zu streuen. Sind Sie
im Außendienst einer Firma beschäftigt, könnte er z. B.
behaupten, der Kunde X hätte sich über Sie beschwert,
nicht ohne Sie *scheinbar* mit den Worten zu entschuldigen: *„Na ja, das kann schon vorkommen, dass die Chemie
zwischen einem Mitarbeiter* – damit sind Sie gemeint – *und
einem Kunden nicht stimmt!"*

Welche Formen des Mobbings angewendet werden, ist übrigens geschlechtsspezifisch. Frauen mobben anders als Männer. Hierzu ein Beispiel:

Sarah, 31:

„In der Behörde, in der ich als Verwaltungsangestellte arbeite, gibt es schon Unterschiede, wie männliche oder weibliche Mitarbeiter mobben. Ich habe mit beiden Geschlechtern Erfahrungen gemacht. Frauen machen alles subtiler, aber dennoch gezielter. Während Frauen sich Verbündete suchen und gemeinsam mobben, handeln Männer ohne Konzept und allein. Frauen gehen beim Mobben getarnt und raffiniert vor, z. B., indem sie Gerüchte verbreiten, um dem Ansehen einer Kollegin zu schaden. Nach meinen Beobachtungen und Erfahrungen suchen sich Männer oft einen ‚Aufhänger‘, dann haben sie einen Ansatzpunkt, auf dem sie ihre Strategie aufbauen."

Das, was Sarah festgestellt hat, ist ein *geschlechtsabhängiges Mobbing*, das darin begründet ist, dass Männer andere Formen des Mobbings bevorzugen als Frauen und auch über andere Machtinstrumente verfügen als diese.[6]

Frauen und Männer unterscheiden sich beim Mobbing vor allem durch die Art der Angriffe. Männer wählen eher passivere Formen (Vermeidung – nicht mehr mit jemandem reden) oder weichen auf Sachthemen aus. Die Taktiken unterscheiden sich, doch ob – wie bei Frauen – hinter dem Rücken gelästert oder – wie bei Männern – dem Opfer einfach jede Art der Kommunikation abgeschnitten wird, das Ziel ist immer dasselbe: Das Opfer soll verunsichert werden, das Selbstwertgefühl verlieren und am Ende am besten das Feld räumen.

Beispiele:
Eine Frau
- spricht hinter dem Rücken der Kollegin schlecht über sie, wertet ihr Privatleben negativ und lästert.
- macht das Opfer vor anderen lächerlich, indem „Frau" es aufgrund seiner Kleidung, Figur, Frisur, Mimik oder Stimme verspottet.
- heizt ein Gerücht an, ohne es vorher auf seinen Wahrheitsgehalt hin zu überprüfen.
- lässt die Kollegin selbst nicht mehr zu Wort kommen, hetzt aber hinter ihrem Rücken gegen sie.
- verunsichert das Opfer durch permanente Anspielungen, ohne etwas direkt zu sagen.

Ein Mann
- teilt den ungeliebten Kollegen zur Strafe dauernd für neue und undankbare Tätigkeiten ein und lässt ihn im Unklaren darüber, was das soll.
- bedroht das Opfer, oft sogar mit Gewalt, und setzt es damit unter Druck.
- ignoriert den Kollegen, spricht nicht mehr mit ihm und behandelt ihn wie Luft. In Besprechungen wird er übergangen, seine Bemerkungen hört „Mann" nicht.
- äußert sich spöttisch über die Einstellung des Opfers. „Mann" lässt unmissverständlich durchblicken, was „Mann" von seiner Lebensweise hält.
- weist ihm einen Arbeitsplatz zu, an dem er von anderen völlig abgeschottet ist und kaum noch Kontakte pflegen kann.
- lässt ihn nicht mehr zu Ende reden, unterbricht ihn

ständig, kehrt seine Schwächen heraus und qualifiziert ihn dadurch systematisch ab.

▪ gibt ihm gezielt Arbeiten, die sein Selbstbewusstsein verletzen, um ihn zu zermürben.

Johanna, 31:

„Ich arbeite in einem Baumarkt und habe es selbst erlebt, dass wir vom Abteilungsleiter dazu angestiftet wurden, einen Kollegen einzuschüchtern und ihm das Leben schwer zu machen. Uns wurden sogar Vergünstigungen als Anreiz versprochen, wenn wir es schafften, den ‚schwierigen Mitarbeiter‘ loszuwerden. Am Ende, wenn's eng wird, distanzieren sich die Initiatoren, die das Mobben angeordnet haben, davon und waschen sich die Hände in Unschuld. Dann sind es die Kollegen, die da irgendetwas falsch verstanden haben.“

Die am häufigsten praktizierte Mobbingform *„Verdeckte und getarnte Aggression“* äußert sich in der *üblen Nachrede*. Der Betroffene merkt davon nichts oder wird nur durch Zufall darauf aufmerksam, ist aber unfähig, den Urheber der Gerüchte ausfindig zu machen.

Weit verbreitet, aber für das Mobbingopfer schwer erkennbar, ist eine verdeckte Form der Ausgrenzung durch *Verweigerung wichtiger Informationen für die Arbeit*. Gerade dort, wo im Team gearbeitet werden muss, ist es fatal, wenn einem plötzlich wichtige Informationen vorenthalten werden. Es kommt in der Folge zu Fehlern, für die das Opfer sich rechtfertigen muss. Wenn es diese damit begründet, dass ihm wichtige Informationen fehlten, wird das von den Tätern nicht akzeptiert. Dann bekommt ein Opfer noch Ermahnungen zu hören, wie: *„Du musst halt*

besser zuhören" oder *„Du solltest aufmerksamer sein"* oder
ein vorgespielt wohlmeinendes *„Du solltest mal wieder Urlaub nehmen, danach läuft's bestimmt wieder besser bei der
Arbeit"*. Auch das bewirkt, dass das Opfer verunsichert
wird und an sich zweifelt: *„Habe ich diese Informationen
wirklich bekommen und sie nur vergessen? Funktioniert mein
Gedächtnis überhaupt noch einwandfrei? Bin ich den Belastungen meines Berufs denn noch gewachsen?*

Der Schaden für die Opfer bei dieser Mobbingform
besteht darin, dass sie immer abhängiger vom Urteil anderer werden und ihrem eigenen Urteilsvermögen überhaupt nicht mehr trauen, da sie ja täglich erfahren, dass
mit ihnen offensichtlich etwas nicht in Ordnung ist, aber
alle anderen trotzdem „nett" sind.

Die bisher vorgestellten Mobbingformen unterscheiden sich nach der *Aggressionsart*. Zu einer weiteren Un-
terscheidung kommt man, wenn man die *Menge der am
Mobbingprozess beteiligten Personen* betrachtet. So ist es
für das Mobbingopfer wesentlich, ob es nur von einem
Aggressor attackiert wird, oder von einer ganzen Gruppe.
Mobbing kann schließlich auch zwischen Gruppen statt-
finden. Dann spricht man von *„Rudelmobbing"*[7].

Die Aggressionsform „Ausgrenzung" kann nur im „Rudel" erfolgen. Der Angreifer sucht sich Verbündete, mit
denen er gemeinsam mobbt. Das hat für ihn zweierlei
Vorteile: In der Gruppe ist man stärker und effektiver,
gezielt und systematisch gegen ein Opfer vorzugehen.
Darüber hinaus bietet die Gruppe eine scheinbare Recht-
fertigung für die Aggression – das Feindbild wird ja von
jedermann bestätigt – und in aller Regel Schutz vor Konsequenzen.

Prominentes Opfer von Rudelmobbing ist *Ursula Sarrazin*. Nachdem ihr Ehemann Thilo Sarrazin mit seinem Bestseller *„Deutschland schafft sich ab"* einerseits großen Zuspruch, andererseits scharfe Ablehnung gefunden hatte, schoss man sich auch auf seine Ehefrau ein, die an einer Berliner Grundschule unterrichtete.

In einem Interview äußerte sich Ursula Sarrazin:
„Es scheint so zu sein, dass in einer bestimmten Klasse zwei bis drei Eltern türkischer Kinder üble Nachrede gegen mich üben, ohne dass mich je einer von ihnen aufgesucht hätte. Ebenso haben die Schulleitung und ein bestimmter Lehrer in dieser Klasse gegen mich gehetzt, indem sie vor den Kindern, ohne dass ich dabei war, Kritik an mir geübt haben. Die Schulaufsicht hat trotz mehrfacher mündlicher und schriftlicher Beschwerden meinerseits bisher nichts dagegen unternommen."[8]

Schulleitung, Funktionäre der Bildungsgewerkschaft (GEW), einzelne Lehrer sowie Eltern türkischer Schüler intrigierten gemeinsam gegen Frau Sarrazin, um sie loszuwerden. Nachdem das nicht gelang, wurde sie mit dem Stundenplan benachteiligt. Als auch das nicht half, wurde eine regelrechte Mobbingkampagne in Gang gesetzt, um Frau Sarrazin dazu zu bringen, die Schule „freiwillig" zu verlassen, was sie dann schließlich auch tat.[9]

Formen und Taktiken unterscheiden sich, die Folgen aber sind gleich, denn egal, wie gemobbt wird, der Gemobbte wird von der Kommunikation abgeschnitten, verunsichert und am Ende verliert er sein Selbstwertgefühl und häufig auch seinen Arbeitsplatz.

3. Folgen des Mobbings

Mobbingfolgen für das Opfer

Mobbing ist eine perfide Form seelischer Gewalt, die sich meist unauffällig in Worten und Gesten nähert. Sie erniedrigt, nimmt die Selbstachtung, macht ohnmächtig, hilflos und oft auch krank.

Woran liegt es, dass Mobbing krank macht? Wir wissen, dass Kränkungen krank machen können.[10] Beim Mobbing werden Kränkungen und alle anderen Formen seelischer Gewalt dauerhaft eingesetzt. Den immer wieder erfolgenden Aggressionen kann das Opfer nicht ausweichen. Es spürt seinen Kontrollverlust, seine Ohnmacht und Hilflosigkeit. Daraus folgen dann Niedergeschlagenheit, Antriebsarmut und Hoffnungslosigkeit. Können weder das Verhalten noch die Gefühle des Aggressors eingeschätzt werden, entsteht Angst, die wiederum die Immunabwehr schwächt und zu Kopfschmerzen, Verspannungen, Magen- und Darmbeschwerden führt.

Ingrid, 52:
„Nach dem Umzug habe ich einen neuen Job als Krankenschwester in einer Privatklinik gefunden. Mit einigen Kolleginnen kam ich aber von Anfang an nicht klar. Ich wurde gemieden, und hinter meinem Rücken wurde über mich permanent gelästert. Das hat mich richtig krank gemacht. Ich habe dann

die Pflegedienstleiterin um Hilfe gebeten, aber die wollte sich raushalten und hat nur gesagt, dass wir die Probleme untereinander lösen sollten. Sie wolle sich da nicht einmischen. So bleibe ich den Mobberinnen weiter schutzlos ausgesetzt.

Jeden Abend weine ich mich nach Stunden erschöpft in den Schlaf. Oft wache ich nachts auf und grüble stundenlang. Morgens ist es dann eine Qual für mich, aufzustehen, mich anzuziehen und zur Arbeit zu fahren. Ich habe Angst vor neuen Angriffen, leide unter Magenbeschwerden, Kopfschmerzen und Übelkeit. Selbst meine Familie und meine Freunde erkennen mich nicht wieder. Sie beklagen sich darüber, dass ich mich so verändert hätte, depressiv geworden wäre und mich bei der kleinsten Kleinigkeit angegriffen fühlte. Ich will das nicht mehr. Das alles muss ein Ende haben, sonst ende ich eines Tages in der Psychiatrie. Ich habe keine Kraft mehr."

Ingrids Beispiel macht deutlich, was Mobbing anrichten kann, obwohl es Verletzungen hinterlässt, die zunächst unsichtbar sind, die aber in sämtliche Beziehungen hineinwirken und am Ende einen Menschen seelisch und körperlich zerstören können.

Mobbing als Ursache von Krankheiten wurde inzwischen in die Lehrbücher der Psychotraumatologie aufgenommen; dies gilt aber noch nicht für die allgemeine medizinische Diagnostik – mit fatalen Folgen für Mobbingopfer bei Begutachtung und Therapie. Die Folgen des Mobbings sind schwerwiegend: In der Medizin spricht man vom *„Posttraumatischen Stresssyndrom"*[11].

„Mobbing hat ganz erhebliche Auswirkungen auf die betroffene Person und das Unternehmen und die Gesellschaft. Die permanenten Schikanen führen in der Regel zu starker Verun-

sicherung, erhöhtem Misstrauen, Nervosität, Leistungsblocka-
den, Angst- oder Ohnmachtsgefühlen, Demotivation, innerer
Kündigung oder sozialem Rückzug. Nicht selten kommt es zu
Depressionen oder Suizid-Gedanken. Körperliche Symptome
können Schlafstörungen, Kopf-, Magen-, Rücken-, Nacken-
schmerzen, Herzklopfen oder Atemnot sein."[12]

Welche Auswirkungen Mobbing auf den Betroffenen hat,
zeigt auch das Beispiel von Susanne, 27:
„Ich wurde einige Jahre in der öffentlichen Verwaltung massiv
gemobbt und habe mich nach Schlafstörungen (Alpträume)
und Angstattacken für einen Ausstieg entschieden, nachdem
ich vergeblich versucht hatte, mir von diversen Institutionen
oder Ansprechpartnern Hilfe zu holen. Nun ist es vorbei. Trotz-
dem bin ich immer noch damit beschäftigt, meine verwundete
Seele wieder in Ordnung zu bringen. Die Mobbingerfahrungen
am Arbeitsplatz waren für mich traumatisch, ich fühle mich
wie nach einem langen Krieg. Ich bin fassungslos, wie Men-
schen sein können. Meine normalen Wertvorstellungen haben
sich komplett gewandelt. Ich war immer leistungswillig und
habe viel für meine berufliche Zukunft gemacht. Die Faulen
sind weiter im Dienst und mobben und ich bin nun draußen.
Das, was ich erlebt habe, hat mich total verunsichert. Obwohl
ich meiner Arbeitsstelle schon längst den Rücken gekehrt habe,
leide ich immer noch unter den Nachwehen des Mobbings. Ich
bin in Therapie, um mich seelisch wieder zu stabilisieren."

Die verheerenden Wirkungen von Mobbing werden schließlich offenbar, wenn der Mobbingprozess (s. Abschnitt:
„Die Phasen des Mobbingprozesses", S. 33) eine Eigendynamik entwickelt:

Mobbing bewirkt beim Betroffenen zunächst eine allgemeine Verunsicherung und Anspannung. Der Mitarbeiter versucht in dieser Phase, immer mehr zu arbeiten, achtet ängstlich auf Fehler, macht Überstunden und kann von seiner Arbeit auch nicht mehr abschalten. Dies wirkt sich natürlich auch auf andere Lebensbereiche aus – der Betroffene ist erschöpft, wird mürrisch, unfreundlich, misstrauisch oder sogar aggressiv. Aufgrund des systematischen und über längere Zeit andauernden Mobbings werden diese Verhaltensweisen zu typischen Reaktionen des Betroffenen. Der Gemobbte ist nicht mehr in der Lage, Kontakt zu anderen Menschen, insbesondere in seinem Arbeitsbereich, aufzunehmen. Um dies wieder zu können, bräuchte er Sicherheit und soziale Unterstützung. Immer mehr unbeteiligte Kollegen ziehen sich von ihm zurück, da er sich durch das Mobbing verändert hat und nun *anders* wirkt.

Durch die Isolierung und der damit einhergehenden Änderung seiner Persönlichkeit gerät der Gemobbte in einen Teufelskreis, aus dem er sich oft nur mit psychotherapeutischer Hilfe befreien kann. Es ist dann nur noch eine Frage der Zeit, bis der Betroffene durch erhöhte Fehlzeiten und Leistungsschwächen auffällt. Damit liefert er erst recht Gründe, ausgegrenzt zu werden. Auch der Vorgesetzte kann sich nun nicht mehr länger des Eindrucks erwehren, dass der betreffende Mitarbeiter überfordert sei.

Damit haben die Mobber ein wichtiges Ziel erreicht. In der Folge wird der Aufgaben- und Verantwortungsbereich des Gemobbten beschnitten, wenn nicht gar einem anderen Mitarbeiter übertragen. Weitere Folgen des erlittenen Mobbings können tiefes Misstrauen gegenüber anderen

Menschen, Verlust des Selbstwertgefühls oder sogar Tren-
nungen und Scheidungen sein. Fachleute schätzen, dass
viele Selbstmordfälle in Deutschland jedes Jahr durch
Mobbing am Arbeitsplatz ausgelöst werden.

Holger, 23:
*„Ich bin Berufseinsteiger in der Krankenpflege, einem Bereich,
der überwiegend weiblich besetzt ist. Über Monate haben
mich die Kolleginnen geschnitten und mir Informationen vorenthalten. Eines Tages, als ich aus dem Urlaub zurückkehrte,
klebte an meinem Fach im Schwesternzimmer ein scheinbar
witziger Aufkleber: „Riech ich dein Aroma, fall ich gleich ins
Koma." Dass man sich über meinen angeblichen Körperge-
ruch lustig macht, trifft mich ganz empfindlich. Ich weiß
nicht, wie ich damit umgehen soll, weil unklar ist, ob es die
Aktion einer einzelnen Person oder ob das eine Attacke aller
gegen mich ist. Wäre ich so selbstbewusst wie mein Freund,
dann würde ich offensiv damit umgehen und z. B. sagen:
‚Qualität ist eben nicht flüchtig. Ich habe mir meinen Duft
patentieren lassen!' Aber ich habe nur das Gefühl, der Situation ausgeliefert zu sein und dass alle gegen mich sind. Ich
leide inzwischen unter Schlaf- und Konzentrationsstörungen
und habe morgens Angst, zur Arbeit zu gehen. Ich weiß nicht
mehr weiter."*

Wie dieses Beispiel zeigt, entwickeln viele Mobbingopfer
unter extremem sozialem Stress psychische oder physi-
sche Probleme, die sich irgendwann in entsprechenden
Symptomen äußern. Der Dauerstress am Arbeitsplatz
führt häufig zur völligen seelischen und körperlichen Er-
schöpfung.

Für die Betroffenen bedeutet Mobbing nicht nur ein enormes Krankheitsrisiko, es bedeutet oft sogar das Ende der Karriere. Entweder kündigen die Opfer selbst, weil sie es nicht mehr aushalten, oder sie werden vom Arbeitgeber unter einem Vorwand gekündigt. Andere willigen in einen Aufhebungsvertrag ein. Viele landen in psychiatrischer Behandlung. Laut „Mobbing-Report" der Bundesanstalt für Arbeitsschutz und Arbeitsmedizin (BAuA) gaben 43 Prozent der betroffenen Personen an, infolge des Mobbings krank geworden zu sein, 20 Prozent von ihnen dauerhaft. 11 Prozent waren nach dem Vorfall langfristig arbeitslos.[13] Und nicht selten bleibt der Ruf so nachhaltig beschädigt, dass es schwierig ist, einen neuen Job zu finden. Viele Mobbingopfer müssen komplett umsatteln, weil Personalchefs untereinander telefonieren oder sich herumgesprochen hat, dass jemand als „Problemfall" gilt.

Wolfgang, 59:
„Ich wurde systematisch gemobbt und dadurch erwerbsunfähig und krank. Im Jahr 2003 war die Welt für mich noch in Ordnung. Damals arbeitete ich bereits seit 15 Jahren bei einer großen Versicherung. Es gab gute Beurteilungen durch meine Chefs. Ich war verheiratet und zufrieden mit meinem Leben. Heute beziehe ich eine kleine Erwerbsunfähigkeitsrente, bin krank, leide unter Schlafstörungen, Depressionen, Panikattacken und posttraumatischen Belastungsstörungen.

Über Jahre wurde ich systematisch schikaniert und unter Druck gesetzt, nachdem die Versicherung fusioniert hatte und ich infolgedessen neue Chefs bekam. Ende 2004 wurde ich nach vielen Ausfällen durch Krankheit arbeitsunfähig. Begon-

nen hat das Mobbing damit, dass ich als Vertrauensmann der Gewerkschaft HBV (Handel, Banken, Versicherungen) maßgeblich an einem dreiwöchigen Streik im Jahr 2003 beteiligt war. Nachdem ich einen Leserbrief an eine Lokalzeitung geschrieben hatte, erhielt ich eine außerordentliche Kündigung, die später zurückgenommen wurde. Seitdem war meine Arbeit ein einziger Spießrutenlauf und ich fühlte mich ständig überwacht. Wenige Monate später wurde ich zum Vertrauensmann der Schwerbehinderten gewählt. Kurz darauf suspendierte man mich vom Dienst, und zwar wegen angeblichen Lohnbetrugs; eine Kündigung folgte. Ich klagte und gewann. Die Versicherung wurde verurteilt, mich weiter zu beschäftigen. Erste gesundheitliche Probleme stellten sich ein, u. a. Schlafstörungen. Mein Befinden verschlechterte sich deutlich. Ich hatte Existenzängste, grübelte nur noch, fühlte mich wertlos und schuldig, sah alles nur noch negativ und wollte morgens am liebsten nicht mehr aufstehen. Ich litt unter ständigen Ängsten, wenn ich zur Arbeit ging. Ich konnte nicht mehr abschalten, dauernd musste ich an die Arbeit denken. Am Arbeitsplatz fühlte ich mich ausgegrenzt und diskriminiert. Auf einer Betriebsversammlung wurde mir vorgeworfen, ‚blauzumachen‘. Die ersten Gedanken an einen Suizid tauchten auf.

Ich fühlte mich als Versager und hielt mich am liebsten zu Hause in einem abgedunkelten Zimmer auf. Ende 2004 wurde ich das erste Mal wegen Depressionen und Angstattacken für einige Wochen in eine psychosomatische Klinik eingewiesen. Ich war zu diesem Zeitpunkt absolut am Tiefpunkt angelangt. Aber auch danach erhielt ich häufig anonyme Anrufe, die mich mürbe machen sollten. Ich wurde als Neurotiker beschimpft und fühlte mich bedroht. Als sich ein Kollege, der *einem ähnlichen Druck und Stress ausgesetzt war, das Leben nahm, gründete ich eine Selbsthilfegruppe. Ich musste irgendetwas tun, um nicht ganz zu verzweifeln. Ende 2004 wurde ich mit 52 Jahren in Frührente geschickt."*

Dieses Beispiel ist erschütternd, aber kein Einzelfall. Es zeigt, dass Mobbing zunächst zu Stress und später zu verschiedensten Krankheiten und am Ende sogar in die Frühverrentung führt.

Neben den gesundheitlichen Folgen sind auch die Folgen für die Karriere gravierend. In mehr als der Hälfte (52,8 Prozent) aller Mobbingfälle (Männer und Frauen) wurde das Mobbing durch Kündigung beendet und bei 14,6 Prozent durch Versetzung. Das bedeutet, dass Mobbingopfer in 67,4 Prozent der Fälle ihren Arbeitsplatz verloren haben.[14]

Mobbingfolgen für den Betrieb

Mobbing ist, wie gezeigt, vor allem für das Opfer eine persönliche Katastrophe. Doch sieht man einmal von der menschlichen Tragödie ab, wird schnell deutlich: Kein Unternehmen kann sich Mobbing leisten.

Mitarbeiter, die Schikanen oder Diskriminierungen am Arbeitsplatz ausgesetzt sind, leiden stark unter den Folgen – und das Unternehmen leidet mit, indem sich das Betriebsklima verschlechtert und die Produktivität infolge fehlgeleiteter Energien sinkt: Motivation und Leistungsfähigkeit gemobbter Arbeitskräfte sinken, der Krankenstand steigt. Daher sollte jedem Betrieb daran gelegen sein, die Arbeitsplätze und die Arbeitsumgebung so zu gestalten, dass Mobbing gar nicht erst möglich ist oder zumindest im Keim erstickt wird. (S. Abschnitt: „Die Verantwortung des Arbeitgebers", S. 128)

Mobbingfolgen für die Gesamtwirtschaft

Für die Betriebe ergeben sich nicht unerhebliche Ausfälle durch häufige Krankmeldungen. Darüber hinaus aber haben die Folgen von Mobbing auch eine gesamtwirtschaftliche und gesellschaftliche Dimension. Mobbing-bedingte Erkrankungen belasten das Gesundheitswesen wegen ärztlicher Behandlungen, Verbrauch von Medikamenten, Krankenhausaufenthalten und Rehabilitationsmaßnahmen. Mobbing-bedingte Kündigungen und Frühverentungen führen zu höheren Kosten der Arbeitslosenversicherung, der Sozialhilfe und Rentenversicherung.

Mobbingfolgen aus rechtlicher Sicht

Mobbing selbst ist keine Straftat, wohl aber können einzelne Straftatbestände erfüllt sein, z. B.:
- (fahrlässige) Körperverletzung (§ 223 ff., 229 StGB)
- Nötigung (§ 240 StGB)
- Beleidigung (§ 185 StGB)
- üble Nachrede (§ 186 StGB)
- Verleumdung (§ 187 StGB)
- Beleidigung trotz Wahrheitsbeweis (§ 192 StGB)

- Diebstahl (§ 242 ff. StGB)
- Sachbeschädigung (§ 303 StGB)

Welche rechtlichen Schritte bei Mobbing möglich sind, kann allgemein nicht beantwortet werden, da jeder Fall anders ist. Als Hinweis seien aber die Stichworte: *Strafantrag, Strafanzeige und Schadensersatz* genannt. Eine genaue juristische Beurteilung ist aber sicher nur einem Rechtsanwalt möglich. Wichtig ist hier, dass zeitnah gehandelt wird, um gegebenenfalls Fristen bei Abmahnungen oder Kündigung zu wahren.

Verletzt ein Arbeitgeber seine Fürsorgepflicht und lässt bewusst zu, dass einer seiner Mitarbeiter am Arbeitsplatz gemobbt wird, kann dies zu einer Klage durch den Arbeitnehmer führen, beispielsweise auf *Schadensersatz*. Schon allein aus rechtlicher Perspektive sollte ein Arbeitgeber daher alles tun, um Mobbing zu vermeiden. (s. Abschnitt: „Juristische Hilfen", S. 117)

1. Die Phasen des Mobbingprozesses

Mobbing vollzieht sich in einem fortschreitenden Prozess. Weil Mobbing zu Anfang dieses Prozesses oft in der Form der „verdeckten Aggression" (s. S. 17) abläuft, ist es für Mobbingopfer meist sehr schwierig, die Gefahr rechtzeitig zu erkennen.

Manchmal beginnt es mit ein paar harmlosen Witzen. Aufmerksam sollte man werden, wenn solche Witze nicht mehr als witzig empfunden werden und man sich getroffen und verletzt fühlt. Es wird ernst, wenn der vermeintliche Witz ein Übergriff in Richtung Respektlosigkeit ist. Spätestens dann sollte man protestieren, etwa mit den Worten: *„Moment mal, was soll das?"*

Die Eskalation des Mobbingprozesses erfolgt in unterschiedlichen Phasen. Leymann stellt bei Mobbing ein stereotypes Verlaufsmuster fest, das er in fünf Phasen gliedert:

1. Phase: Ein Konflikt wird nicht konstruktiv gelöst.
2. Phase: Es wird systematisch Psychoterror ausgeübt.
3. Phase: Die Personalleitung reagiert.
4. Phase: Ärztliche und psychologische Fehldiagnosen erfolgen.
5. Phase: Der Gemobbte wird aus der betrieblichen Gemeinschaft ausgeschlossen

Die Phasen dieses Modells laufen nicht zwangsläufig in genau dieser Reihenfolge ab, und es müssen auch nicht alle Phasen durchlaufen werden. Das Modell beschreibt sozusagen den „worst case", wenn der Psychoterror ungehindert seinen Lauf nimmt. Nicht jeder Mobbingverlauf muss so weit eskalieren. Leymann glaubt, dass es viele Fälle gibt, bei denen der negative Verlauf unterbrochen wird, weil z. B. der Arbeitgeber das Problem rechtzeitig in die Hand genommen hat oder dem Angreifer klar wird, was er anrichtet.[15]

1. Phase: Ein Konflikt wird nicht konstruktiv gelöst

Ausgangspunkt von Mobbing ist häufig ein offener oder verdeckter Konflikt, der weder benannt noch gelöst wird. Z.B. kann schon die Angst vor einem besonders qualifizierten neuen Mitarbeiter, der Konkurrenz bedeutet und eine Bedrohung darstellt, als Motiv reichen, um anzufangen, diesen zu mobben. Da sich niemand um diesen vorhandenen, aber nicht wahrgenommenen Konflikt kümmert, kann sich im Laufe der Zeit eine Eigendynamik entwickeln. Im weiteren Verlauf tritt der ursprüngliche Konflikt immer mehr in den Hintergrund und es entwickelt sich eine persönliche Auseinandersetzung, die sich häufig in ersten Schuldzuweisungen und vereinzelten persönlichen Angriffen äußert. Am Ende kommt es zu einer Front- und Parteienbildung.

Magdalena, 39:
„Meine Erfahrung ist: Entweder du heulst mit den Wölfen oder das Rudel schließt dich aus. Ich habe genau das erfahren und

wurde von Kolleginnen gemobbt. Jetzt, im Nachhinein, erkenne ich den Grund, warum ich gemobbt wurde: Ich war einfach anders als sie. Ich hatte keine Lust dazu, mich in der Freizeit auch noch mit ihnen zu treffen, um shoppen zu gehen. Mir reichte es schon, mit ihnen den ganzen Tag lang zusammen sein zu müssen. Schnell bemerkte ich, dass ich isoliert wurde. Weil ich keinen offensichtlichen Grund für die Attacken meiner Kolleginnen erkennen konnte, begann ich irgendwann, an mir selbst zu zweifeln. Ich konnte nachts nicht mehr schlafen und grübelte nur noch. ,Vielleicht liegt es doch an mir?', fragte ich mich immerzu. Selbstzweifel und Schamgefühl verhinderten, dass ich mir rechtzeitig Hilfe suchte. Jeder Tag und jede Begegnung war ein ,Kampf ums Überleben'. Ich versuchte mich in Anpassung, dann in Unterwürfigkeit. Am Ende war ich so zermürbt und resigniert, dass ich den anderen das Feld überließ und nur noch ,gute Miene zum bösen Spiel' machte, so tat, als ob mich die Angriffe gar nicht beeindruckten, um in Ruhe gelassen zu werden. Aber egal, was ich tat, meine Reaktionen verschonten mich nicht, sondern verstärken die Attacken meiner Kolleginnen. Die Lage verschärfte sich in dem Moment, in dem ich mich krank meldete und zu Hause blieb. Ab jetzt stand für meine Kolleginnen fest, dass mit mir irgendetwas nicht stimme. Sie hatten keineswegs ein schlechtes Gewissen, sondern sahen sich in ihrer Bewertung meiner Person gerechtfertigt."

Es ist tatsächlich Mode geworden, sich nach der Arbeit zu sogenannten „After-Work-Partys" zu treffen. Weil Magdalena keine Lust hatte, sich mit ihren Kolleginnen in der Freizeit zu treffen, also sich selbst ausgrenzte, reagierte die Gruppe ihrerseits mit massiver Ausgrenzung. Der Konflikt war da!

In der Folge nahm der Prozess an Dynamik zu. Es war Magdalena unmöglich, diesen aus eigener Kraft aufzuhalten. Diese Erfolglosigkeit ist kaum verwunderlich, da es zum Wesen des Mobbings gehört, dem Opfer keine Chance der Gegenwehr zu lassen. Schikanen werden bagatellisiert, der überspannten Phantasie oder der Überempfindlichkeit des Opfers zugeschrieben.

Trotz der geringen Erfolgsaussichten sollten Mobbingbetroffene besonders im Anfangsstadium versuchen, dem Mobbing zugrunde liegende Konflikte durch ein klärendes Gespräch zu lösen, um damit das Fortschreiten des Mobbingprozesses aufzuhalten. (S. „Der Umgang mit dem Mobbingkonflikt", S. 92)

2. Phase: Es wird systematisch Psychoterror ausgeübt

In der zweiten Phase wird das Opfer gezielt attackiert. Die Form der Aggressionen wandelt sich: Aus den getarnten werden immer mehr offene Aggressionen. Der Ton wird ruppiger. Unfreundliche Worte, verletzende Anspielungen (*„Es riecht hier plötzlich so seltsam"*) sowie der Einsatz von Körpersprache für den Ausdruck von Verachtung haben das Ziel, zu verletzen oder einzuschüchtern. Feindseligkeiten und Gehässigkeiten nehmen zu: *„Wenn Frau W. nicht im Team wäre, könnten wir viel schneller arbeiten."*

Während der eigentliche, ungelöste Konflikt in den Hintergrund gerät, wird das Opfer schikaniert. Die Ausgrenzung wird verstärkt, indem man dem Gemobbten konsequent aus dem Weg geht, ihn nicht mehr über betriebliche Zusammenhänge informiert, boykottiert und isoliert. Beliebt ist es auch, soweit es die Organisation der Arbeitsverteilung unter den Mitarbeitern zulässt, das Opfer dadurch zu benachteiligen, dass ihm „undankbare" Aufgaben „übrig gelassen" werden oder dass man ihm für die Aufgabenerfüllung wichtige Informationen vorenthält. (Zu der Frage, inwieweit sich das Opfer dagegen durch ein Gespräch mit dem Vorgesetzten erfolgreich wehren kann, s. S. 92: „Der Umgang mit dem Mobbingkonflikt".)

Der Mobbingprozess hat in dieser zweiten Phase einen hohen Grad an Eigendynamik erreicht: Durch die ständigen Demütigungen ist die gemobbte Person so verunsichert, dass ihre Arbeit erheblich darunter leidet. Der Betroffene ist kaum noch in der Lage, seine Aufgaben konzentriert zu bewältigen. Er macht Fehler, was Anlass zu neuen Schikanen gibt. Die Ausweglosigkeit lässt ihn gereizt und aggressiv reagieren. Es zeigen sich psychosomatische Symptome wie Kopfschmerzen, Schlafstörungen, Rückenprobleme, Magenbeschwerden, Herz- und Kreislauferkrankungen. Seine Fehlzeiten im Betrieb nehmen zu.

3. Phase: Die Personalleitung reagiert

Unzureichende Arbeitsleistungen und Fehlzeiten des Mitarbeiters sind nun Anlass für den Vorgesetzten bzw. die Personalleitung, zu handeln. Für sie ist der Betroffene zu einem *Problemmitarbeiter* geworden.

Im schlimmsten Fall lässt sich die Personalleitung weder auf eine Diskussion mit dem Betroffenen über die

Hintergründe seiner schlechten Leistung ein noch geht
sie konsequent gegen die Mobbingtäter vor. Wie sollte sie
auch, hat sie doch den Mobbingkonflikt gar nicht wahr-
genommen oder durchschaut!

In diesem Stadium versucht die Personalleitung auf
verschiedenen Wegen, das Opfer zu einer Eigenkündigung zu bewegen (Versetzung, Abmahnung, Kündigungs-
androhung).

4. Phase: Ärztliche und psychologische Fehldiagnosen

Das Opfer kann nach Leymann meist nicht auf qualifizierte Hilfe von Ärzten bzw. Psychiatern hoffen. Häufig
erfassen die Vertreter dieser Berufe den sozialen Hintergrund des Psychoterrors konzeptionell nicht, was wiederum die Ursache dafür ist, dass Opfer Fehldiagnosen erhalten oder ihnen sie kränkende Persönlichkeitsbefunde an-
gehängt werden. So werden etwa traumatische Erlebnisse
aus der Kindheit oder ähnliche Vorkommnisse als Grund
der schlechten psychischen Verfassung aufgeführt. Das
Opfer, das mittlerweile am Ende seiner Kräfte angelangt
ist, benötigt aber für seine Regeneration eine Therapie,
die darauf abzielt, es wieder aufzurichten, ihm neuen Le-
bensmut zu geben und den Schutz vor weiteren und neu-
en Angriffen zu gewährleisten. (Zu den Möglichkeiten,
sich von außen Hilfe zu holen, s. S. 92: „Der Umgang mit
dem Mobbingkonflikt".)

5. Phase: Der Gemobbte wird aus der betrieblichen
       Gemeinschaft ausgeschlossen

Sehr bald erkennt die Personalleitung, dass auch eine betriebsinterne Versetzung das Problem mit dem Mitarbeiter nicht löst. Denn auch in einer anderen Abteilung bekommt der Mitarbeiter Schwierigkeiten, da ihm sein Ruf vorauseilt und er – inzwischen psychisch stark angegriffen – kaum mehr die Kraft aufbringt, sich in eine neue Gruppe zu integrieren.

Die Personalleitung erhöht nun den Druck: Da arbeitsrechtliche Schutzbestimmungen eine Kündigung vonseiten des Betriebs verhindern, rät man dem Mitarbeiter, selbst zu kündigen. Als Anreiz dafür verspricht man ihm, ein positives Zeugnis auszustellen. Meist wird die Kündigung in einem psychischen Ausnahmezustand unterschrieben, womit das „Personalproblem" für die Firma abgeschlossen ist. Kündigt das Mobbingopfer nicht, wird versucht, den Druck auf das Opfer zu verstärken, um so das Arbeitsverhältnis zu beenden. Die Personalleitung geht also eine Allianz mit den ursprünglichen Mobbingtätern ein. Die ihr zur Verfügung stehenden Mittel wirken auch viel effektiver. Das Opfer wird „kaltgestellt". Maßnahmen sind z. B.:

- Zuweisung eines von den übrigen Mitarbeitern getrennten Arbeitszimmers,
- Entzug von Telefon und Computer,
- Entzug jeglicher Arbeitsaufgaben.

Der Betroffene wird praktisch wie Luft behandelt. Irgendwann sieht dieser keinen anderen Ausweg mehr, ist am

Ende seiner Kräfte und unterschreibt den *Auflösungsvertrag.*

Die Gemobbten verlieren aber nicht nur ihren Arbeitsplatz, sie sind teilweise überhaupt nicht mehr arbeitsfähig, denn die körperlichen und seelischen Folgen können gravierend sein. Oft ist eine langjährige therapeutische Betreuung notwendig, um das Opfer wieder zu stabilisieren. Manchmal führen aber auch die psychosomatischen Erkrankungen zu dauerhafter Arbeitsunfähigkeit.

Der folgende Fall schildert plastisch, wie ein Mobbingprozess ablaufen kann und am Ende den Gemobbten zerstört:

Isabel ist 30 Jahre alt und arbeitet als Werbegrafikerin erfolgreich in einer Werbeagentur. Sie ist eine der Besten. Von ihren Kollegen wird sie gern zurate gezogen, besonders bei „schwierigen" Kunden. Auch bei ihren Vorgesetzten gilt Isabel als hervorragende Angestellte.

Die Werbeagentur, für die Isabel arbeitet, ist sehr erfolgreich. Die Geschäfte laufen so gut, dass eine weitere Grafikerstelle besetzt werden soll. Nora ist die Glückliche, die die freie Stelle bekommen hat. Sie ist, wie Isabel, 30 Jahre alt und hat ausgezeichnete Referenzen. Isabel freut sich über die neue Kollegin, weil sie bislang in der Grafikabteilung allein unter Männern war. Und so nimmt sie sich der Neuen an und will ihr helfen, sich schnell in das neue Team zu integrieren.

Nora bekommt am Anfang, trotz ihrer guten Referenzen, zunächst kleinere Aufträge, während Isabel wie immer an größeren Kampagnen arbeitet. Als sich nach acht Wochen an dieser Auftragsverteilung immer noch nichts ändert, wird Nora sauer. Statt ein Gespräch mit Isabel oder dem Vorgesetzten zu suchen, das sie vielleicht für aussichtslos hält, beschließt Nora, Isabel zu attackieren (1. Phase: Ein Konflikt wird nicht konstruktiv gelöst).

Zunächst flirtet sie mit sämtlichen Kollegen und versucht so, Isabel zu isolieren. Da das nicht den gewünschten Effekt erzielt, beginnt sie, den anderen zu erzählen, was Isabel angeblich über die Männer im Team verbreitet. (2. Phase: Es wird systematisch Psychoterror ausgeübt in Form der indirekten oder verdeckten Aggression).

Isabel wird von Henning, einem Kollegen, darauf angesprochen, warum sie ihn plötzlich schlechtmache. Sie bestreitet das und ist zutiefst erschüttert, wie er, mit dem sie immer gut zusammengearbeitet hat, auf so etwas kommt. Nachdem Nora aber weiter Gift streut, beginnen sich die Kollegen allmählich von Isabel abzuwenden. Nun will keiner mehr ihre Hilfe, niemand fragt sie mehr um Rat.

Sie sitzt zu Hause und macht sich Gedanken, was da los sein könnte. Eine Erklärung findet Isabel nicht und so sucht sie die Schuld bei sich. Sie redet sich ein, dass es ja vielleicht am Stress liege, dass sie alles überbewerte. Aber nach weiteren vier Wochen verschärft sich die Situation (3. Phase: Die Personalleitung reagiert).

Isabel wird zu ihrem Chef zitiert; bei ihm sitzt der Personalleiter. Sie wird zur Rede gestellt: *„Isabel, uns ist zu Ohren gekommen, dass es in Ihrem Team Schwierigkeiten gibt. Können Sie etwas dazu sagen?"* Isabel fällt aus allen Wolken. *„Welche Schwierigkeiten?"*, fragt sie. *„Man beklagt sich über Sie, dass Sie über Ihre Mitarbeiter schlecht reden. Was ist da eigentlich los?"*

Isabel ist fassungslos, verteidigt sich aber vehement gegen diesen unglaublichen Pauschalvorwurf: *„Eigentlich müssten Sie mich doch gut genug kennen, um das ausschließen zu können"*, ist das Einzige, das ihr dazu einfällt. Es gelingt ihr aber nicht, die beiden Chefs von ihrer Unschuld zu überzeugen.

Sicherlich wäre es möglich, die Wahrheit ans Tageslicht zu bringen und Nora als die Urheberin des Mobbings zu identifizieren. Dazu müsste die Geschäftsleitung aber in die Einzelheiten gehen und vor allem auch diejenigen Kollegen, die sich beschwerten, eindringlich befragen, wer was wann angeblich gesagt hat und von wem er das erfahren hat usw. Dies ist aber nicht die Art und Weise, wie eine Geschäftsleitung vorgeht.

Es werden in diesem Gespräch mit Isabel keine Namen und keine Tatsachen genannt, es werden nur Pauschalvorwürfe erhoben. Und so wird Isabel aus dem Gespräch entlassen mit den Worten: *„Isabel, Sie wissen, wie wichtig uns ein gutes Betriebsklima ist. Sehen Sie also bitte zu, dass Sie die Probleme im Team untereinander klären und in Ordnung bringen!"*

Isabel ist nach diesem Gespräch fix und fertig, geht mit Kopfschmerzen nach Hause und grübelt den ganzen Abend und die ganze Nacht. Folglich ist sie am nächsten Tag nicht fit und ihr unterläuft ein folgenschwerer Fehler. Sie bekommt den Auftrag entzogen und wird für zwei Wochen in den Urlaub geschickt. Isabel nimmt dankbar an, weil sie inzwischen auch davon überzeugt ist, dass sie überarbeitet ist und ihr ein Urlaub guttun wird.

Nach ihrer Rückkehr erschrickt sie, weil sie eine Abmahnung auf ihrem Platz findet. Sie hätte durch Unachtsamkeit eine Kampagne beinahe verdorben, die nun andere bearbeiten müssten. So könne es nicht weitergehen und sie solle gewarnt sein. Isabel widerspricht der Abmahnung zwar, aber es ändert nichts.

Nora hat inzwischen ganze Arbeit geleistet und Isabel wird von allen Kollegen geschnitten (2. Phase: Es wird systematisch Psychoterror ausgeübt in der Aggressionsform der Ausgrenzung). Isabel zieht sich in sich zurück und spricht nur noch mit ihrer besten Freundin. Aus Angst, ihre Arbeit nicht mehr richtig zu machen, kontrolliert sie während ihrer Pausen alles zweimal. Aber der Stress, die fehlenden Pausen, machen alles nur noch schlimmer. Isabel nimmt immer mehr ab. Obwohl sie müde ist, schläft sie nachts kaum noch, weil sie ihren vorangegangenen Arbeitstag analysiert und den folgenden schon überdenkt.

Ihre Fehler werden gravierender. Eine zweite Abmahnung ist die Folge. Isabels Welt bricht zusammen und eine Odyssee von Arzt zu Arzt beginnt. Niemand findet etwas (4. Phase: Ärztliche und psychologische Fehldiagnosen).

Allmählich glaubt Isabel, dass sie sich das alles nur einbildet: die Krankheiten, die fiesen Kollegen, den Stress. Zum ersten Mal wird sie wegen Stresssymptomen krankgeschrieben. Die Lohnbuchhalterin im Büro erzählt allen, dass Isabel zum Psychiater geht. Nun sieht Nora ihre Chance gekommen.

Isabel erkennt bis zum Schluss nicht, dass die Symptome, unter denen sie leidet, durch Mobbing ausgelöst wurden und dass ihre Kollegin Nora dafür in erster Linie verantwortlich ist.

2. Der Nährboden für Mobbing

Die Ursachen für Mobbing am Arbeitsplatz sind u.a. darin begründet, dass niemand sich Arbeitskollegen und -kolleginnen aussuchen kann. Ein Team ist daher fast immer eine vom Betrieb zusammengesetzte *Zwangsgemeinschaft*. Man arbeitet nicht zusammen, weil man sich sympathisch ist und sich mag, sondern weil man zusammen im Auftrag des Betriebes bestimmte Aufgaben lösen soll.

Die Mobbingforschung bestätigt, dass in der Regel ein Geflecht aus individuellen Motiven, Ursprungskonflikten und begünstigenden Rahmenbedingungen zur Entwicklung von Mobbing beiträgt.[16]

Nährboden für Mobbing kann sein:

- *Persönlichkeitsbedingte Risikofaktoren:* Ein ungelöster Konflikt zwischen den Beteiligten. Dieser Konflikt seinerseits kann viele Ursachen haben, z. B. Antipathie, Neid, Angst um den eigenen Arbeitsplatz, Karrierestreben.
- *Betriebsbedingte Risikofaktoren:* Ein schlechtes Betriebsklima, eine ungünstige Arbeitsorganisation und -gestaltung, schlechtes Führungsverhalten.

2.1. Persönlichkeitsbedingte Risikofaktoren

Mobbing wird begünstigt durch eine bestimmte Konstellation von Persönlichkeitskennzeichen des Mobbers einerseits und des Mobbingopfers andererseits.

Die Persönlichkeit des Mobbers

– Motive des Mobbers

Die Beweggründe, warum ein Einzelner im Betrieb zum Mobbingtäter wird, sind vielfältig. Motive sind z. B.:

- Angst um den Arbeitsplatz,
- Karrierestreben,
- Geltungssucht,
- Eifersucht,
- Neid,
- Rachsucht.

Wie so häufig in unseren Zeiten, ist eine Belegschaft aufs Äußerste beunruhigt, wenn es von der Unternehmensleitung heißt, dass man sich von – sagen wir einmal 300 – Arbeitnehmern trennen muss. Dann stellt sich jeder die Frage: Wer muss gehen? Bin ich vielleicht der Nächste, weil ich schon 45 bin? Was soll ich meiner Frau und den Kindern sagen?

Die Angst um die eigene Existenz baut geradezu einen Zwang auf, den Konkurrenten „auszustechen", notfalls mit unfairen Mitteln, also durch Mobbing. Eine naheliegende Methode besteht dann darin, einen bestimmten

Kollegen beim Vorgesetzten in ein schlechtes Licht zu rücken, um sich selbst gleichzeitig zu profilieren.

Wenn es um Beförderung und die eigene Karriere geht, sollte eigentlich ein fairer Wettbewerb herrschen, in dem nur Leistung, Eignung und Persönlichkeit zählen. Wie wir alle wissen, sieht die Wirklichkeit oft anders aus. Auch hier versucht der Mobber, seinen Konkurrenten mit der Methode der indirekten oder verdeckten Aggression zu diskriminieren und sich selbst zu empfehlen.

In jeder Gruppe von Arbeitnehmern gibt es ein Mitglied, das von den anderen besonders anerkannt wird, Respekt genießt und oft als „Wortführer" auftritt. Oft wird diese Person von der Personalleitung auch zum Gruppenleiter ernannt. Selbstbewusst genießt er seine Rolle als „primus inter pares". Es muss nicht, aber es kann sein, dass dieser Mensch von einem starken Geltungsdrang getrieben wird. Dann besteht das Risiko, dass er der Versuchung unterliegt, „andere zu erniedrigen, um sich selbst zu erhöhen".

Unter Frauen ist Eifersucht ein ernst zu nehmendes Motiv für Mobbing. In einer Gruppe von Mitarbeiterinnen, die von einem Mann geleitet wird, gibt es immer einige, die mehr oder weniger um die Gunst und Anerkennung des Chefs buhlen. Stößt nun zu der Gruppe eine neue Mitarbeiterin, die möglicherweise jünger ist, unübersehbar besser aussieht, eloquent ist und sich gewandt ausdrücken kann, breitet sich von da an in der Gruppe Eifersucht wie ein Bazillus aus. Ohne sich besonders absprechen zu müssen, beginnt die Gruppe, die „Neue" mithilfe aller Formen seelischer Gewalt zu mobben.

Was bei den Frauen die Eifersucht, ist bei den Männern der Neid auf Kompetenz, Qualifikation oder Leistungsfähigkeit eines anderen Kollegen.[17] Man weiß, dass der andere fachlich besser ist und dass das allgemein und auch bei der Geschäftsleitung bekannt ist, man also gar keine Chance hat, ihn fachlich zu überholen. Aber wenn der Neid tief genug sitzt, erliegt man doch der Versuchung, im vertraulichen Gespräch mit dem Vorgesetzten ein paar unschöne Bemerkungen über den Kollegen fallen zu lassen. In diesem Fall ist zumindest der Versuch des Mobbings zu erkennen.

Stärker noch als unter Neid leiden manche Menschen unter Rachsucht. Rachegefühle unter Arbeitnehmern setzen voraus, dass es in der Vergangenheit irgendeine Verletzung durch einen Mitarbeiter gegeben hat, gegen die sich der Betroffene nicht hatte wehren können. Und nun ist die Zeit gekommen, „ihm das heimzuzahlen". Zu den schmerzhaftesten Verletzungen gehört die aus der Sicht des Mitarbeiters ungerechtfertigte Bevorzugung oder sogar Beförderung eines Kollegen. Und es gibt viele Möglichkeiten, sich – auch mithilfe der Gruppe – an dem ungeliebten Vorgesetzten zu rächen.

– Charaktermerkmale

Um zu erklären, warum ein Mensch zum Mobber wird, reicht es nicht aus, allein Motive seines Handelns zu schildern. Ein Motiv dient nur als Anlass. Wenn jemand z. B. eifersüchtig oder neidisch auf einen anderen Kollegen ist, muss er deswegen noch lange nicht anfangen zu mobben. Voraussetzung dafür, dass man zum Mobber wird, ist offenbar die Stärke der empfundenen Gefühle und die eigene Persönlichkeitsstruktur. Da Mobbing eine

Form seelischer Gewalt ist, muss der Mobber über eine destruktive Persönlichkeitsstruktur verfügen. Unter einer destruktiven Persönlichkeitsstruktur verstehe ich eine Kombination von Charaktereigenschaften, die es begünstigen, andere Menschen zu schädigen oder zu zerstören. Zu diesen Charaktereigenschaften zähle ich:

- ein unsicheres Selbstbewusstsein,
- fehlende Moral und deshalb fehlendes Unrechtsbewusstsein,
- Streben nach Dominanz und Manipulation anderer,
- Sadismus – die Lust, andere zu quälen.

Es wird nun klar, wie eng Motive und Charaktereigenschaften des Mobbers zusammenhängen. So ist das unsichere Selbstbewusstsein der eigentliche Grund für die Motive Eifersucht, Neid und Geltungssucht und es erklärt, warum sich Mobber erst dann wohlfühlen, wenn sie andere kleinmachen, um selbst größer und mächtiger zu erscheinen.

Jeder Mensch kennt eigentlich die Regeln des „Fair Play". Ein Mitarbeiter, der seinen Kollegen oder Vorgesetzten, egal aus welchem Anlass, mobbt, weiß, dass das moralisch verwerflich ist, aber seine fehlende Moral verhindert, dass er sein Unrecht einsieht.

Es gibt Menschen, die aufgrund ihrer Persönlichkeit dominant wirken. Sie verfügen über Autorität. Andere Menschen verfügen nicht über diese Eigenschaft, hätten sie aber gern. Um diese Dominanz zu erreichen, meinen sie, andere Menschen manipulieren zu müssen. Hierzu eignen sich die Formen der Aggression, insbesondere des Mobbings.

Es gibt Mobbingprozesse, bei denen der eigentliche Anlass, das Motiv für Mobbing, schon längst in den Hintergrund getreten ist. Aber der Mobber lässt nicht locker in
seinem Bemühen, das Opfer zu zerstören, und beobachtet ungerührt, wie dieses psychisch und physisch immer
kränker wird und schließlich aus dem Betrieb ausschei-
det. In diesem Fall unterstelle ich Sadismus, also eine
Lust, andere zu quälen.

Die Persönlichkeit des Mobbingopfers

– Äußere Persönlichkeitsmerkmale

Mobbing vollzieht sich immer in einer Gruppe. Ist nun
ein Gruppenmitglied „anders" als die übrigen, besteht die
Gefahr, dass es gemobbt wird.

Das „Anderssein" zeigt sich z. B:

- im Geschlecht,
- im Alter,
- im Leistungsvermögen,
- in der kulturellen Herkunft,
- in der sexuellen Orientierung usw.

Ein junger, gut ausgebildeter, leistungsorientierter Mitarbeiter in einer Gruppe Älterer, die schon lange keine
Fortbildung mehr bekommen haben, kann von diesen als
Bedrohung empfunden werden. Wie der gehasste Streber
in der Klasse, gerät so ein Mensch eher in eine Außen-

seiterposition, weil sich die Gruppe ständig nach dessen Hochleistungen bewertet sieht und latent den Vorwurf fühlt, nicht gut genug oder viel zu wenig zu arbeiten.

Als Risikopersonen sind andererseits Menschen anzusehen, die keine 100-prozentigen Leistungen erbringen können: ältere Menschen, Menschen mit chronischen Krankheiten. Risikopersonen sind auch solche, die sich durch den Dialekt, die Hautfarbe, die kulturelle/nationale Identität, die sexuelle Orientierung von den übrigen Gruppenmitgliedern unterscheiden.

Marc, 37:
„Ich arbeitete als promovierter Wissenschaftler in einem Universitätsinstitut. Weil ich weder verheiratet war noch eine Freundin hatte, wurde in meiner Abteilung das Gerücht verbreitet, ich sei homosexuell. Seitdem landeten tagtäglich Fotos von nackten Frauen auf meinem Schreibtisch. Mein unverkennbarer Dialekt, ein leichtes Sächseln, wurde dauernd nachgeahmt und lächerlich gemacht. Irgendwann wurde der Druck für mich unerträglich und ich kündigte."

– Charaktermerkmale

Es gibt eine Reihe von charakterlichen Merkmalen eines Menschen, die ihn im „rauen" Arbeitsleben gefährden, zum Mobbingopfer zu werden. Hierzu gehören:

- hohe Sensibilität,
- mangelnde Konfliktfähigkeit,
- schwaches Selbstbewusstsein,
- mangelhafte Resilienz.

Hohe Sensibilität

Prominentes Mobbingopfer ist der 2010 zurückgetre-
tene *Bundespräsident Horst Köhler,* der am 22. Mai 2010
im Deutschlandradio ein Interview gegeben hatte. Darin
stellte er den Kriegseinsatz in Afghanistan in einen Zusammenhang mit Deutschlands Wirtschaftsinteressen.
Später ließ er seine Äußerungen präzisieren.[18]

Köhlers Aussage sorgte für Irritationen:
*„Meine Einschätzung ist aber, dass insgesamt wir auf dem
Wege sind, doch auch in der Breite der Gesellschaft zu verstehen, dass ein Land unserer Größe mit dieser Außenhandelsori-
entierung, und damit auch Außenhandelsabhängigkeit, auch
wissen muss, dass im Zweifel, im Notfall auch militärischer
Einsatz notwendig ist, um unsere Interessen zu wahren, zum
Beispiel freie Handelswege, zum Beispiel ganze regionale In-
stabilitäten zu verhindern, die mit Sicherheit dann auch auf
unsere Chancen zurückschlagen, negativ durch Handel, Arbeitsplätze und Einkommen. Alles das soll diskutiert werden
und ich glaube, wir sind auf einem nicht so schlechten Weg."*

Es hagelte von allen Seiten heftige Kritik. Der Afghanistan-Einsatz als Verteidigung außenwirtschaftlicher Interessen der Bundesrepublik sei vom Grundgesetz nicht
gedeckt, argumentierten die Kritiker. Die Angriffe der
Opposition gipfelten in einer Äußerung des Grünen-
Fraktionschefs Jürgen Trittin. Köhler müsse sich korrigieren, verlangte Trittin. *„Wir brauchen weder Kanonenboot-
politik noch eine lose rhetorische Deckskanone an der Spitze
des Staates",* sagte er.

Letztlich hatte der Bundespräsident mit seiner Äußerung, dass zur Durchsetzung deutscher Interessen, wozu er die Sicherung offener Handelswege zählt, ein militärischer Einsatz nötig sein könnte, nur eine Aussage aus dem Weißbuch 2006 wiederholt. Nach dieser zielt Sicherheitspolitik, bei der bewusst auch die Bundeswehr als Akteur beteiligt ist, auf die Wahrung deutscher Interessen, zu denen dort der „freie und ungehinderte Welthandel als Grundlage unseres Wohlstandes" gerechnet wird. Der Bundespräsident hatte letztlich nichts Neues gesagt und trotzdem eine Lawine losgetreten.

Horst Köhler, der im politischen Berlin (selbst bei denen, die ihn nominierten) keinen Rückhalt hatte, trat zurück und begründete seinen Schritt mit der Kritik an seinen Äußerungen zum Afghanistan-Einsatz: *„Diese Kritik lässt den notwendigen Respekt für mein Amt vermissen",* sagte er zur Begründung seines historischen Schritts am 31. Mai 2010.

Im FAZ.NET-Interview, das Oliver Georgi am 1. Juni 2010 mit Parteienforscher und Köhler-Biograf Gerd Langguth führte, wird deutlich, woran der Bundespräsident gescheitert ist.[19] Im Interview werden wahrscheinliche Gründe für den Rücktritt beschrieben. Einer sei, dass Horst Köhler ein politischer Quereinsteiger gewesen sei, ohne politische Netzwerke. Er habe zwar die Politik viele Jahrzehnte als hochrangiger Beamter begleitet, aber nie selbst als Parlamentarier oder Politiker erlebt. Es habe ihm daher die Erfahrung für das „politische Geschäft" gefehlt, er sei dem politischen Betrieb immer fremd geblieben und habe deshalb auch keinen Rückhalt gehabt. Schwer habe Köhler sich in der Politik getan, weil er ein sehr scheuer

Mensch sei, der von Anfang an mit seinem Amt gefremdelt habe und unsicher gewesen sei. Köhler sei eben kein geborener Politiker gewesen, zu dünnhäutig, zu sensibel und damit zu schnell verletzbar und beleidigt. Es habe ihm die Fähigkeit gefehlt, die Zähne zusammenzubeißen und Konflikte durchzustehen. Horst Köhler hatte es sich selbst zum Ziel gesetzt, das höchste Staatsamt würdig auszuüben. Er musste erkennen, dass das keine Aufgabe für Überempfindliche ist.

Mangelnde Konfliktfähigkeit

Von Mobbing bedroht sind vor allem Außenseiter, aber auch Menschen, die konfliktunfähig sind.

„Wer Konflikte partout vermeiden möchte, sie erst sehr spät bemerkt und sich nur schwer in andere hineinfühlen kann, läuft größere Gefahr, gemobbt zu werden."[20]

Auch Menschen mit narzisstischen Zügen sind kritikunfähig, weil sie besonderen Wert darauf legen, vor anderen als überlegen, großartig und unerreichbar dazustehen. Dabei sind zwei völlig gegensätzlich wirkende Leidensmuster charakteristisch für eine narzisstische Ausprägung: Einem brüchigen Selbstwertgefühl steht ein gleichzeitig grandioses Größengefühl in Bezug auf die eigene Bedeutung, die eigene Leistung, eigene Talente, das Ansehen und die Schönheit, Reichtum, Beziehungen gegenüber – durchaus auch ohne die entsprechende Grundlage. Hinzu kommt ein Mangel an Empathie und Hilfsbereitschaft, der ein angenehmes Miteinander schwierig macht.

Viele Menschen wissen um die Probleme, die oft durch narzisstische Kollegen und Vorgesetzte am Arbeitsplatz entstehen. Sie sorgen für ein angespanntes Klima und hegen den Nimbus, dass man ihren Erwartungen auch mit großen Anstrengungen kaum entsprechen kann, weswegen sie prinzipiell die Leistungen ihrer Mitarbeiter und Kollegen entwerten. Außer dem, was sie selbst erreicht haben, besteht kaum etwas vor ihrem kritischen Auge und nichts erscheint ihnen gut genug.

Narzissten sind auf die Fehler der anderen fixiert und erkennen sie sofort, um darauf herumzureiten. Für die eigenen Fehler haben sie jedoch selten ein Gespür: Diese werden einfach ausgeblendet. Gespräche, in denen man die Konflikte klären will, wehren sie ab, und das Verhältnis verschlechtert sich noch weiter. Als Kollege kann man dieses Verhalten nicht grundlegend ändern, aber ist es möglich, den Umgang mit ihnen zumindest zu erleichtern?

Ein typisches Beispiel für einen kritikresistenten Narzissten am Arbeitsplatz:

Volker, 41:
„Mein Nachbar hat sich durch seine dauernde Wichtigtuerei zum Außenseiter gemacht. Er prahlt immer damit, dass er seine Mitarbeiter im Team als lahme Truppe sehe, dass ohne ihn überhaupt nichts richtig laufe und er den anderen so richtig einheize. Eigentlich, so sagt er stolz, seien die Erfolge auf ihn und seine Umsicht und Tüchtigkeit zurückzuführen. Eigentlich sei er der inoffizielle Chef, und überhaupt sei er durch seine strikte Art mit klarer Ansage eine hervorragende Führungs-

*kraft. Von jemandem, der in seinem Team arbeitet, erfuhr ich
allerdings, dass die Stimmung im Team sehr angespannt sei
und so mancher schon nicht mehr mit ihm rede. Er sei kritikunfähig und unterstelle, dass diejenigen, die ihn kritisierten,
ihm etwas in die Schuhe schieben möchten, um zu verhindern,
dass er eines Tages Abteilungsleiter werde."*

Wie das Beispiel zeigt, ist der Umgang mit einem kritikun-
fähigen Menschen schwierig. Durch den Versuch, das eigene Selbstwertgefühl zu stabilisieren, ecken sie an – und
sind dann erst recht empört, wenn das Gegenüber Anti-
pathien entwickelt. Auch haben Narzissten einen Hang
zur Selbstüberschätzung und sind daher kritikunfähig.
Ein vorsichtiger Umgang mit ihnen ist also angebracht.
Oft merken sie nicht einmal, dass sie andere gegen sich
aufbringen, und es steckt nicht einmal böser Wille hinter
ihrem Verhalten. Sie haben neben ihrer Selbstwahrneh-
mung keine andere Wahrnehmung und erkennen infolgedessen auch nicht, wenn sich der Wind dreht und sich
Stimmungen verändern.

Schwaches Selbstbewusstsein

Ein weiterer wichtiger charakterlicher Risikofaktor eines
Menschen, um zum Mobbingopfer zu werden, ist ein
unterentwickeltes Selbstbewusstsein. Geringes Selbstbewusstsein zeigt sich insbesondere darin, dass der Angegriffene bei Kritik nicht angemessen und selbstsicher reagiert und es in Konfliktsituationen nicht versteht, sich
zu behaupten und zu wehren.

Sophie, 36:

„Obwohl ich gut aussehe und sehr leistungsfähig und gut an meinem Arbeitsplatz bin, fehlt mir eine gesunde Portion Selbstbewusstsein, um mich gegen blöde Sprüche zu wehren. Ich bin Einzelkind und habe insofern nicht die Kompetenz erlernt, mich zu fetzen, zu streiten, zu frotzeln oder spielerisch mit Humor umgehen zu können. Meine gute Erziehung und meine zurückhaltende Art ermutigen meine Kolleginnen offensichtlich, mich immer wieder ins Visier zu nehmen und zu ärgern. Weil ich weder schlagfertig noch humorvoll bin, habe ich lange Zeit versucht, die gezielten Attacken gegen mich zu überhören und sie ignoriert. Das ermutigte meine Kolleginnen dazu, ‚nachzulegen‘, mich vor versammelter Mannschaft lächerlich zu machen und mich als unfähig hinzustellen. Zuerst war es nur eine respektlose Behandlung, die sich steigerte, indem man mich immer mehr einschüchterte, vor allem dadurch, dass man mich ständig kritisierte und niedermachte, bis ich irgendwann an mir selbst zu zweifeln begann. Statt mich zu wehren, sah ich keinen anderen Ausweg mehr, als mich in eine andere Abteilung versetzen zu lassen.“

Eine der am weitesten verbreiteten Folgen des Mobbings ist ein eingeschränktes bis gar nicht mehr vorhandenes Selbstwertgefühl. Damit meine ich, dass die betroffene Person sich gar nicht mehr bewusst ist, dass sie auch Stärken besitzt, weil sie nur noch ihre Schwächen sieht. Oft hat sie das Gefühl, nichts Gutes verdient zu haben. Das muss aber kein ewig andauernder Zustand sein!

Mangelhafte Resilienz

Eng verbunden mit dem Merkmal „schwaches Selbstbewusstsein" ist das Merkmal „mangelhafte Resilienz". Der
Begriff Resilienz stammt vom lateinischen Wort „resilire",
was so viel wie „abprallen" bedeutet. Resilienz bezeichnet die psychische Widerstandsfähigkeit von Menschen,
die es ermöglicht, selbst widrigste Lebenssituationen und
hohe Belastungen ohne nachhaltige psychische Schäden
zu bewältigen.[21] Resiliente Menschen können kreativ und
flexibel in Krisen reagieren. Belastungen erleben sie mehr
als Herausforderungen denn als Probleme, und selbst
nach schlimmen Erlebnissen erholen sie sich schnell.[22]

Resilienz ist die emotionale Stärke eines Menschen,
auf Herausforderungen und Belastungen des Lebens flexibel zu reagieren, schwierige Situationen zu meistern und
sich nach Krisen selbst wieder ins innere Gleichgewicht
zu bringen. Solche Menschen gehen gestärkt aus den von
ihnen individuell empfundenen „Krisensituationen" hervor. Wer über Resilienz verfügt, dem ist es möglich, das
Beste aus der jeweiligen Situation zu machen, der er gerade ausgesetzt ist, und sich aus eigener Kraft aus Krisen zu
befreien. Resilient zu sein bedeutet, erfolgreich mit belas-
tenden Lebensumständen und mit den negativen Folgen
von Stress umzugehen, sich durch Widerstände im Leben
nicht entmutigen zu lassen, sondern daraus zu lernen und
diese Erfahrungen in das eigene Leben zu integrieren. Ein
Grund- oder Urvertrauen, das sich in der Kindheit bildet,
ist dazu bedeutsam, aber auch die genetische Ausstattung
bestimmt über die seelische Widerstandsfähigkeit.[23]

Ein resilienter Menschen hat:

1. eine zuversichtliche, optimistische Grundhaltung,
   - ein positives Selbstbild,
   - die Überzeugung, Einfluss auf sein Leben zu haben,
   - die Überzeugung, bei Problemen eine Lösung finden zu können.

2. die Fähigkeit, lösungsorientiert zu handeln,
   - die Fähigkeit, aus Fehlern der Vergangenheit zu lernen,
   - die Fähigkeit, sich zukünftige Entwicklungen vorzustellen und sich darauf einzustellen,
   - die Fähigkeit, flexibel auf Veränderungen zu reagieren.

3. Kontakt zu Menschen, zu denen er enge emotionale Bindungen hat, und die Fähigkeit, sie bei Problemen um Hilfe oder Unterstützung zu bitten.[24]

All das fehlt Menschen mit mangelhafter Resilienz. Daher können sie sich auch von Mobbingangriffen kaum erholen.

Miriam, 18:
„Ich mache eine Lehre in einem 4-Sterne-Hotel als Restaurantfachfrau, bin im 1. Lehrjahr und habe schon überlegt, ob ich die Lehre abbrechen soll, weil ich auf meinem Ausbildungsplatz täglich von anderen Lehrlingen gemobbt werde. Die lästern, ich hätte einen dicken Bauch, ich wäre zu langsam und sollte schneller arbeiten, und dann mischen sie sich

auch noch in mein Privatleben ein. Sie verbreiten über mich,
ich wäre behindert usw. Mich macht es total fertig, diesen
Mobbingangriffen ohnmächtig ausgeliefert zu sein. Ich kenne
keine Strategie, mit der ich mich wehren könnte, weil ich auf
so etwas nie vorbereitet wurde. Ich habe es versucht mit Nett-
sein, das aber führt nur dazu, dass ich noch mehr angemacht
werde. Beim Chef war ich auch schon. Er meint, ich sollte
mich besser anpassen und dass er keine Nerven hat für so ei-
nen ,Kinderkram', den wir gefälligst untereinander klären soll-
ten. Ich bin sehr traurig, schäme mich, dass ich zur Zielscheibe
geworden bin. Ich zweifle inzwischen an mir und denke, dass
vielleicht etwas an mir nicht stimmt."

Miriam verhält sich passiv und ist unfähig, sich selbst aus
der misslichen Mobbingsituation zu befreien, weil ihr weder Strategien noch seelische Widerstandskraft (Resilienz)
zur Verfügung stehen, um die Situation zu verbessern.
Statt zu kämpfen, überlegt sie, ob sie die Lehre abbrechen
soll (Rückzug). Das ist allerdings eine Option, die den Angreifern das Feld kampflos überlässt. Diejenigen, die über
Resilienz verfügen, können auch angegriffen werden,
aber sie wehren sich und zeigen damit, dass sie für derartige Spielchen nicht zur Verfügung stehen. Statt Angst
davor zu haben, noch mehr in Ungnade zu fallen, und
mit Unterwürfigkeitsgesten Wohlverhalten zu erwirken,
drehen sie den Spieß um: *„Wie du mir, so ich dir!"* Wer das
nicht macht oder nicht kann, der lässt es zu, Opfer zu
bleiben. Wenn Miriam durch Abbruch der Lehre glaubt,
die Situation für sich klären zu können, ist das nur eine
vorübergehende Lösung, denn an ihrem nächsten Arbeitsplatz könnte es ihr wieder passieren, dass ihre Kolle-

gen glauben, mit ihr machen zu können, was sie wollen. Sie sollte versuchen, ihre Selbstachtung zu verteidigen, und sich bewusst machen: Wer kämpft, kann verlieren. Wer nicht kämpft, hat schon verloren!

Vera, 39:

„Ich bin von Natur aus ein höflicher Mensch, was an meiner neuen Arbeitsstelle wohl falsch eingeschätzt und als Einladung verstanden wurde, mich als Opfer zu küren, zu mobben und kleinzumachen. Weil ich erst mal sehen wollte, wie das so läuft, habe ich anfangs alles beobachtend und schweigend hingenommen. Aber auch das wurde falsch interpretiert. Eines Tages war es dann so weit. Ich setzte mein ganzes Repertoire der Gegenwehr ein und zeigte, dass ich auch anders kann und dass Höflichkeit nicht mit Blödheit verwechselt werden sollte. Ich erinnerte mich daran, was meine Eltern mir mit auf den Weg gegeben hatten: ‚Wer sich nicht wehrt, lebt verkehrt. Lass dir nichts gefallen!' Ich entwickelte Kampfgeist und den festen Willen, mich nicht unterkriegen zu lassen von Zicken, die allein schwach sind und nur im Rudel angreifen können. Hilfreich war für mich die Vorstellung, in welchen Situationen ich mich schon erfolgreich bewährt hatte. Mit der Zeit wurden die Angriffe weniger, weil ich sie einfach abprallen ließ und sie damit ihr Ziel verfehlten, also unwirksam waren. Wahrscheinlich wurde ich meinen Kolleginnen zu anstrengend. Hilfreich war auch meine Schlagfertigkeit, die gelegentlich den anderen die Kinnlade herunterfallen ließ. Offensichtlich habe ich mir dadurch Respekt verschafft."

Vera konnte auf die „Mitgift" ihrer Eltern zurückgreifen, stark zu sein und sich nichts gefallen zu lassen. Sie verfügte darüber hinaus über Schlagfertigkeit und einen mentalen Schutzschild, Angriffe an sich abprallen und ins Leere laufen zu lassen. Viele Mobbingopfer setzen sich nicht zur Wehr, sie ziehen sich zurück und igeln sich ein. Diese soziale Isolation macht die Situation aber nur noch schlimmer und das Opfer noch angreifbarer. Viel wirkungsvoller ist es, wenn möglich, Stärke zu zeigen und Verbündete zu suchen, die einem wohlgesonnen sind, um mit ihnen gemeinsam gegen die Mobbingtäter vorzugehen. Wichtig ist es in jedem Fall auch, soziale Kompetenzen zu erlernen, um sich nicht mehr durch sein eigenes Verhalten zum Opfer zu machen. Manchmal muss man eben auch mal Frotzeleien aushalten, allein schon deshalb, um den Täter nicht durch eine gewünschte Reaktion (Reflex) zu belohnen („*der getroffene Hund bellt*"). Wer mit einem provozierenden Spruch dagegenhält oder auch einfach weggeht, der wird als Adressat von Mobbingaktionen bald uninteressant. Sehr wirkungsvoll und stark in der Wirkung ist es, den Angreifer zu überraschen, indem man ihn gezielt und direkt auf sein Tun anspricht. Manche Mobbingopfer schaffen es, die Anfeindungen auszusitzen, indem sie sich innerlich unangreifbar machen, bis die Täter aufgeben.

Gerade für diejenigen, die von Mobbing am Arbeitsplatz betroffen sind, ist es wichtig, ihre seelische Widerstandskraft (Resilienz) zu stärken, um im Ernstfall eine Mobbingattacke erfolgreich abwehren zu können.

2.2. Betriebsbezogene Risikofaktoren

Betriebsbezogene Risikofaktoren für Mobbing ergeben sich aus der Art und Weise, wie die betrieblichen Ziele gesetzt und realisiert werden. Betriebliche Ziele sind z. B. in der Produktion die Steigerung der Produktivität, d. h. die Verbesserung des Verhältnisses von mengenmäßigem Ertrag (gemessen in Stück, kg usw.) und mengenmäßigem Einsatz von Produktionsfaktoren (gemessen in Arbeitsstunden, Betriebsmittel- und Werkstoffeinheiten). Oft bedeutet das Senkung der Personalkosten, Personalabbau. Im Absatz geht es um die Erzielung bestimmter Verkaufszahlen und Marktanteile. Die Angemessenheit der Ziele in Bezug auf ihre Verwirklichung und die Art und Weise, wie sie vom Management den Mitarbeitern kommuniziert werden, sind mitbestimmend für das sogenannte „Betriebsklima". Ist das Betriebsklima schlecht, steigt die Gefahr des Mobbings im Betrieb, was wiederum das Betriebsklima verschlechtert. Weil das Betriebsklima vom Management entscheidend beeinflusst wird, ist dieses letztlich auch verantwortlich für Mobbing im Betrieb.

Negative Einflüsse auf das Betriebsklima sind darin zu erkennen, dass

- sich in der Belegschaft eine Angst vor Kündigungen breitmacht,
- die Ablauforganisation und Kommunikation mangelhaft ist,
- bestimmte Arbeitnehmer diskriminiert werden.

Angst vor der Kündigung

In jedem konjunkturellen Abschwung ist zu beobachten, dass die Krankmeldungen zurückgehen.[25] Es wird dann nicht nur weniger „krankgefeiert", sondern es erscheinen am Arbeitsplatz auch Mitarbeiter, die eigentlich noch nicht wieder gesund sind. Um die Produktivitätsziele zu erfüllen, werden vermehrt Überstunden – auch unbezahlte – geleistet. Besonders unter den für den Verkauf zuständigen Mitarbeitern steigen das Konkurrenzverhalten und der Stress, wenn die Absatzziele unrealistisch hoch gesetzt werden.

Immer häufiger werden auch Fälle veröffentlicht, in denen Mobbing von der Unternehmensleitung gezielt eingesetzt wurde, um den Personalbestand abzubauen, ohne Abfindungen zahlen oder Kündigungen aussprechen zu müssen.[26]

Eine besonders perfide und menschenverachtende Methode, um Mitarbeiter loszuwerden ist Lobbing statt Mobbing, wobei Lob als strategisches Instrument eingesetzt wird, um Mitarbeiter auf verschlagen-freundliche Art wegzuloben. Leider sind gerade Führungskräfte anfällig für Lobbing. Besonders in verantwortungsvollen Positionen wird die narzisstische Befriedigung durch manipulatives Lob von Vorgesetzten missbraucht und der „Gelobte" zum Opfer. Beliebt ist es, eine Führungskraft zu einem Auslandseinsatz zu ermutigen – mit Aussicht auf einen Karrieresprung bei der Rückkehr. Häufig begreift der Getäuschte erst viel später, dass die avisierte Position längst anderweitig verplant wurde. Oft folgt dann der totale Zusammenbruch des Weggelobten.

Mangelhafte Ablauforganisation und Kommunikation

Um die geplanten Unternehmensziele wie Gewinn, Umsatz, Marktanteil, Rentabilität usw. erreichen zu können, muss das Management Vorgaben für eine reibungslose Ablauforganisation erstellen und für klare Verantwortungsbereiche und Berichtswege sorgen. Anders gesagt: Eine lückenhafte Ablauforganisation und unklare Verantwortungsbereiche führen zu Reibungsverlusten, d. h. unnötigen Produktivitätsminderungen. In der Folge kommt es zu Missverständnissen und Schuldzuweisungen auf der operierenden Ebene, was die Entstehung von Mobbing begünstigt.

Die Aufgabe des Managements, für eine optimale Organisation und Kommunikation im Betrieb zu sorgen, ist in unserer Zeit eine besondere Herausforderung, weil sich die Unternehmen immer schneller an die Märkte anpassen müssen, worauf insbesondere Zapf hingewiesen hat.[27] Zapf sieht eine der Ursachen des Mobbings in sich ständig ändernden Managementkonzepten, mit denen Unternehmen auf die schnell fortschreitende Globalisierung reagieren.

Seine Untersuchungen zeigen, dass Mobbing sehr oft beginnt, wenn umstrukturiert wird, wenn es zu personellen Veränderungen in einer Arbeitsgruppe kommt oder wenn ein neuer Kollege, ein neuer Vorgesetzter integriert werden muss. Solche Änderungen führen dazu, dass jeder im Team seinen Platz und seine Rolle wieder neu finden und sich mit den Neuen zusammenraufen muss.[28]

Katharina, 29:

*„Ich bin Berufseinsteigerin und arbeite als Wirtschaftsprü-
ferin in einem Büro mit 20 Mitarbeitern. Durch Fusion gab
es eine Umstrukturierung mit neuer Aufgabenzuordnung und
neuen Erwartungen hinsichtlich der Gewinnoptimierung. Von
außen wurde die Stelle eines neuen Abteilungsleiters besetzt
und damit wurde es richtig unangenehm. Während mir meine
Arbeit anfangs große Freude machte, war ich seitdem jeden
Freitagabend am Ende – nach fünf Arbeitstagen voller Ernied-
rigungen und Demütigungen. Ich wurde von meinem Abteilungsleiter systematisch gekränkt, beleidigt und eingeschüch-
tert. Er teilte mir untergeordnete Tätigkeiten zu, quälte mich
mit persönlichen Angriffen und belästigte mich sexuell. Das
Wochenende gab mir eine kurze Verschnaufpause, mal wieder
durchzuschlafen, normal zu essen, ein wenig zu entspannen –
bis Sonntagmittag wieder die Angst vor dem Büro begann. Fast
ein Jahr lang musste ich diesen Psychostress aushalten, bis ich
unter Depressionen litt und das Unternehmen verließ. Dass
das, was mir dort widerfahren ist, Mobbing sein könnte, kam
mir nicht in den Sinn. Anstatt an meinem Abteilungsleiter,
habe ich vielmehr an mir selbst gezweifelt. Ich habe mich ver-
unsichern lassen. Ich suchte die Gründe für das Mobbing bei
mir und fragte mich: ‚Verhalte ich mich falsch? Ziehe ich mich
falsch an? Wie bin ich, dass ich solche Reaktionen provozie-
re?‘ 1½ Jahre besuchte ich eine Psychotherapie, qualifizierte
mich währenddessen weiter, und danach suchte ich mir einen
neuen Arbeitsplatz, wozu ich ohne Hilfe aber gar nicht fähig
gewesen wäre.“*

Diskriminierung bestimmter Arbeitnehmer

Das Schlimmste, was eine Personalleitung tun kann, ist zuzulassen, dass bestimmte Arbeitnehmer im Betrieb diskriminiert werden. Damit wird das Betriebsklima endgültig vergiftet. Ich denke hierbei nicht nur an die beklagenswerte Tatsache, dass auch noch in unserer Zeit Frauen für die gleiche Arbeit schlechter bezahlt werden als Männer. Ich erinnere auch an einen Fall von Diskriminierung von Leiharbeitern, über den in den Medien berichtet wurde: [29]

In einem bekannten Autowerk erhalten Leiharbeiter für die gleiche Arbeit weniger Lohn als die Stammarbeiter.[30] Dabei ist allerdings offen, ob das an dem Zwischenverdienst der Leiharbeiterfirma liegt. Wenn man auch nicht von einem Mobbingprozess der Gruppe der Stammarbeiter gegenüber der Gruppe der Leiharbeiter sprechen kann, so ist doch die Ausgrenzung der Leiharbeiter von der übrigen Belegschaft klar zu erkennen. Ihre Freizeit ist nicht planbar. Auf Abruf müssen sie im Betrieb erscheinen. Für sie gibt es keine Umkleidekabinen und in der Kantine müssen sie für das Essen mehr zahlen als die Stammarbeiter, nämlich ungefähr das Doppelte ihres Stundenverdienstes.

Ein „Opelaner" im Gespräch mit einem Leiharbeiter:
„Wir sehen euch da nicht so gerne. Für 7 Euro wäre hier noch vor ein paar Jahren keiner bereit gewesen, zu arbeiten. Das ist erst durch euch möglich, und seither müssen wir uns noch für unsere Tarife rechtfertigen. Da ist es schon mehr als richtig, dass ihr genau das Doppelte fürs Essen zahlen müsst."[31]

Verständlicherweise sehen die Stammarbeiter die Leiharbeiter als Bedrohung an. Sind sie es doch – die Leiharbeiter –, durch deren Einsatz in den letzten Jahren
das Lohngefüge im Werk drastisch nach unten gedrückt
wurde. Breitscheidel, der für Recherchearbeiten undercover als Leiharbeiter im Werk tätig war, empfindet sogar Mitgefühl gegenüber den „echten Opelanern" und
erkennt, durch „seine Beschäftigungsbedingungen bereits einen vormals tariflich entlohnten Arbeitsplatz er-
setzt zu haben".[32]

3. Die Rollen der Beteiligten im Mobbingprozess

Mobbing ist ein Machtspiel, das eine gewisse Dynamik entwickelt und in dem die daran Beteiligten bestimmte Rollen einnehmen: Der Mobber (Täter) spielt die aggressive Rolle, der Gemobbte (das Opfer) meist die defensive, passive und die Sympathisanten die eher neutrale, wobei die Rollen im Verlauf des Mobbingprozesses auch wechseln können.

3.1. Die Rolle des Mobbers

Der Mobber ist Hauptakteur im Mobbingprozess. Er übernimmt die aggressive Rolle gegenüber dem Mobbingopfer. Er beweist sich und anderen seine Macht, indem er offen, getarnt oder verdeckt andere versucht zu dominieren, zu unterdrücken, zu blamieren oder in anderer Weise seelisch zu quälen. Mobber fühlen sich durch die Macht, die sie über andere haben, überlegen und kompensieren unter Umständen eigene Ohnmachtserlebnisse aus der Vergangenheit.

Beim Mobbing kommen, wie schon im Abschnitt „Formen des Mobbings" (s. S. 16) beschrieben, bestimmte Formen der Aggression vor: die Ausgrenzung, die offene Aggression, die getarnte Aggression, das aggressive Schweigen und die indirekte oder verdeckte Aggression.

Der Mobber benutzt, je nach Situation motivgesteuert und in Abhängigkeit von seinen Charaktermerkmalen (s. S. 45: „Die Persönlichkeit des Mobbers"), eine oder auch mehrere dieser Formen der Aggression.

Denkbar sind z. B. folgende Verhaltensweisen des Mobbers:

(A) Eine eifersüchtige Mitarbeiterin mit unsicherem Selbstbewusstsein und fehlendem Unrechtsbewusstsein wählt die Form der getarnten und der verdeckten Aggression (Intrige).

(B) Ein geltungssüchtiger Mitarbeiter mit unsicherem Selbstbewusstsein und fehlendem Unrechtsbewusstsein benutzt die getarnte Aggression, das aggressive Schweigen, die Ausgrenzung bis hin zur offenen Aggression.

(C) Ein karrieresüchtiger Mitarbeiter mit einem ausgeprägten Dominanzverhalten und fehlendem Unrechtsbewusstsein setzt vor allem die verdeckte Aggression bei dem Vorgesetzten und das aggressive Schweigen gegenüber den Kollegen ein.

Zu Fall (A):
Die *getarnte Aggression* gegenüber einem Mitarbeiter soll bewirken, dass dieser nicht merken soll, dass man ihm gegenüber feindlich eingestellt ist. Das ist eine typische Verhaltensweise von Frauen; sie scheuen den offenen Kampf, bleiben lieber in der Deckung.

Zunächst wird das Mobbingopfer nach allen Regeln der Kunst geschädigt: Der Mobber macht im Beisein anderer Kollegen abwertende Bemerkungen über das anwesende

Opfer, dabei wählt er wie ein Heckenschütze den Über-
raschungsangriff; wichtige Informationen werden dem
Opfer vorenthalten, Aussagen des Opfers werden absichtlich fehlinterpretiert usw. Wenn das arglose Mobbingopfer um Erklärung bittet, setzt der Mobber das Mittel der
Rhetorik zur Maskierung (Tarnung) seiner Aggressionen
ein: Die angeblich abwertenden Bemerkungen wären
doch nur witzig gewesen und das Opfer sei wohl etwas
humorlos, warum die Informationen nicht angekommen
seien, könnte er sich auch nicht erklären, wenn er etwas
falsch verstanden hätte, dann läge es wohl an der etwas
unklaren Ausdruckweise des Opfers usw. Schuld ist also
immer das Opfer.

Zu Fall (B):
Wenn der Mobber die Form der *offenen Aggression* wagt,
bedient er sich rhetorischer Mittel. Er lässt z. B. einen
Kollegen bei einer Projektbesprechung schlecht dastehen
und bringt sich damit selbst in eine bessere Position. Bei
Zusammenkünften der Mitarbeiter ohne Vorgesetzten
schneidet der Mobber dem Kollegen, den er als sein Opfer
ausgemacht hat, das Wort ab oder versucht, ihn lächerlich zu machen. Ziel des ganzen aggressiven Verhaltens
ist es, von allen Gruppenmitgliedern als führende Person,
als „Alpha-Tier", anerkannt zu werden.

Die Macht der Sprache als Mittel der Beeinflussung ist
von alters her bekannt, und Mobber bedienen sich geschickt dieses Werkzeugs. Schon dem römischen Senat
war bekannt, dass ständige Wiederholung bei den Zu-
hörern am Ende zur Gewissheit wird. Einzelne Wörter,
gezielt gesetzt, können also zu einer positiven oder ne-

gativen Bewertung führen und zur Manipulation genutzt werden.

Zu Fall (C):
Neben der Manipulation durch die Sprache wenden Mobber vor allem die *verdeckte Aggression* an, die *Intrige*. Eine Intrige ist immer mit Vorsatz verbunden. Es gibt ein Motiv, es gibt ein klares Ziel. In diesem Fall versucht der Mitarbeiter mit allen Mitteln Karriere zu machen. Dafür hat er auch einen Plan. Er möchte den Vorgesetzten davon überzeugen, dass er und nur er für eine Beförderung infrage kommt. Zu dem Plan gehört auch, mögliche Konkurrenten „auszuschalten". Hierzu bedient er sich des Mittels der Intrige. Besonders beliebt ist es, bei Gesprächen mit dem Vorgesetzten unter vier Augen Gift über den Konkurrenten abzulassen. Mit welcher Handlung die Umsetzung einer Intrige beginnt, lässt sich nicht immer exakt feststellen. Gustav Adolf Pourroy, Soziologe und Intrigenexperte, beschreibt drei Grundformen von Intrigen.[33]
Die erste Form ist der direkte Angriff auf das Opfer, den Pourroy den *Billardstoß* nennt. So kann eine Kündigung Folge einer geplanten Vielfalt von Angriffen wie Verleumdungen oder Demütigungen sein. Wie ein Billardspieler eine Kugel trifft, damit sie eine zweite und diese wiederum eine dritte anstößt, bevor sie ins Loch fällt, so gibt es in der Kunst der Intrige die *gezielte Kettenreaktion*, die im optimalen Fall für den Intriganten so abläuft, wie er sie berechnet hat.
Die zweite Form zielt auf die *Achillesferse* des Opfers. Bei dieser Variante wird also bewusst eine *Schwachstelle* genutzt. Diese kann eine Eigenschaft der betroffen

Person sein oder etwas aus der Vergangenheit, die sprich-
wörtliche Leiche im Keller. Achillesfersen sind meist
wunde Punkte aus Vergangenheit und Gegenwart, Beruf-
lichem und Privatem: Alkohol- oder Eheprobleme, Füh-
rerscheinentzug wegen Trunkenheit am Steuer, Affären,
Niederlagen.

Die dritte Form ist die Komplottbildung, also ein Bündnis
von mehreren, um jemandem zu schaden – beispielsweise, wenn sich eine Gruppe zusammenschließt, um einen
Mitarbeiter zu attackieren und loszuwerden (s. S. 85: „Die
Rolle der Sympathisanten oder Verbündeten").

3.2. Die Rolle des Gemobbten

Grundsätzlich kann jeder zum Mobbingopfer werden, jedoch scheinen bestimmte Persönlichkeitszüge der Opfer
Mobbing zu fördern, wenn nicht sogar herauszufordern.
Im Abschnitt „Die Persönlichkeit des Mobbingopfers" (s.
S. 49) sind zunächst äußere Merkmale des Mobbingopfers
beschrieben worden. Diese begründen ein „Anderssein"
gegenüber den übrigen Gruppenmitgliedern. Danach
wurden Charaktermerkmale genannt, die typischerweise
bei Mobbingopfern zu beobachten sind. Das „Anderssein"
zeigt sich z. B. im Geschlecht, im Alter, im Leistungsvermögen, in der kulturellen Herkunft, in der sexuellen Orientierung usw. Besonders typische Charaktereigenschaften
sind: hohe Sensibilität, mangelnde Konfliktfähigkeit, ein
schwaches Selbstbewusstsein und mangelhafte Resilienz.
Aus der Kombination äußerer und charakterlicher Merkmale ergeben sich bestimmte Typen von Mobbingopfern:

- das schwache Gruppenmitglied,
- der Vorgesetzte als Mobbingopfer,
- das konkurrierende Gruppenmitglied.

Das schwache Gruppenmitglied

Da sind zunächst Menschen, die fachlich nicht mithalten können, die ein schwach ausgeprägtes Selbstbewusstsein haben und daher viel auf sich nehmen, ohne eine Grenze zu setzen. Sie werden von einem oder mehreren Gruppenmitgliedern als Belastung empfunden.

Obwohl der Berufsanfänger fachlich auch noch schwach ist, ist er aber nicht zwangsläufig Ziel für einen Mobbingangriff. Man zeigt ihm, was er alles noch lernen muss, und schickt ihn Kaffee holen, so wie man es einst selbst erlebt hat (*„Lehrjahre sind eben keine Herrenjahre"*). Aber mit Mobbing hat das nichts zu tun. Anders ist es z. B. mit der Mitfünfzigerin, die in der Verwaltung arbeitet. Ihr kommt es vielleicht so vor, als ob die Arbeit täglich wachse. Zunächst versucht sie, ihr Pensum durch Überstunden am Abend zu schaffen. Manchmal vergisst sie vielleicht auch etwas und muss fragen. Und mit dem neuen Computerprogramm steht sie immer noch „auf Kriegsfuß". Das ist eine ideale Ausgangsposition für eine junge, clevere Nachwuchsmitarbeiterin, sich auf Kosten der älteren beim Chef zu profilieren. Sie nimmt ihr „großmütig" Arbeit ab, enthält ihr aber Informationen und Besprechungstermine vor, und das alles mit einem sch...freundlichen Lächeln. Aufgrund der Sensibilität und des schwach ausgebildeten Selbstbewusstseins geht das Opfer körperlich und seelisch langsam zugrunde.

Es gibt grundsätzlich niemanden, der nicht Opfer von Schikanen werden kann, dennoch gibt es Personen, die eher vom Mobbing betroffen sind. In jedem Betrieb gibt es, je nach Anzahl der Mitarbeiter, mindestens eine, meist mehrere Gruppierungen von Mitarbeitern, die sich mögen, stärker zusammenhalten und sich gegen andere Gruppierungen abgrenzen. Vom Mobbing eher betroffen sind Personen, die etwas isoliert sind und nicht zu einer dieser Mitarbeitergruppen gehören. Das heißt, gemobbt wird häufiger jemand, der nicht von einer anerkannten Gruppe von Mitarbeitern geschützt wird. Solche „sozialen Außenseiter" können leicht zu „Sündenböcken" und „Nestbeschmutzern" gemacht werden. Wer darüber hinaus noch „Angriffsfläche" durch besondere Persönlichkeitsmerkmale bietet, ist besonders gefährdet. Dies können Verhaltensweisen oder persönliche Merkmale sein, die entweder leicht ausgenutzt werden können oder die Neid und Eifersucht bei anderen Mitarbeitern erzeugen. Man kann feststellen, dass sensible, introvertierte, gehemmte und kontaktscheue Mitarbeiter ein höheres Risiko haben, gemobbt zu werden.[34] Es ist wie in der Tierwelt: Der Schwache wird weggebissen!

Der Vorgesetzte als Mobbingopfer

Wenn einer Gruppe von Mitarbeitern eine Führungsperson „vorgesetzt" wird, die nicht aus ihren Reihen kommt, kann es zu Reibungen kommen. Die Mitarbeiter testen sehr schnell, ob der Neue genügend Sachverstand und Autorität hat. Man erwartet von einem Vorgesetzten, dass

er, zwar nicht unbedingt im Detail, aber grundsätzlich etwas von „der Sache" versteht, dass er Konflikte lösen kann
und mit einer starken, selbstsicheren Persönlichkeit überzeugt. Gibt er unverständliche oder sich widersprechende
Anweisungen, geht er Konflikten eher aus dem Weg, als
sie zu lösen und wirkt er nicht besonders überzeugend,
kann in der Gruppe ein Klima für Mobbing entstehen.

Wie fast immer in diesen Fällen, beginnt der Mobbingprozess in der Form der getarnten Aggression: Die Mitarbeiter machen Witze über den Chef, widersprechen nicht
offen, aber lassen ihn „auflaufen". Das reicht von „Dienst
nach Vorschrift" bis zur gezielten Sabotage. Man geht
ihm aus dem Weg. Wenn er die Kantine betritt, verlassen alle anderen wie auf Kommando den Raum. In einem
späteren Stadium muss er sich sogar freche Antworten gefallen lassen.

Nun zeigt es sich, ob der Attackierte ausreichende Führungsqualitäten hat, um sich Respekt zu verschaffen und
die Gruppe „umzudrehen", und zwar ohne die Hilfe der
nächsthöheren Hierarchiestufe! Gelingt ihm das nicht,
wird er als Mobbingopfer seinen Posten über kurz oder
lang verlieren.

In einer meiner früheren Schulen, in der ich als Lehrerin tätig war, gab es einen promovierten Schulleiter,
der aus einer anderen Stadt kam, aber vom Kollegium
nicht ernst genommen wurde. Er bemühte sich darum,
Zugang zu den Kollegen zu bekommen, begrüßte alle
morgens per Handschlag und hatte für alle ein offenes
Ohr. Trotzdem wurde er nicht ernst genommen, sondern
irgendwie belächelt. Er hatte keine Autorität. Wenn es
nach der großen Pause schellte, tat sich im Lehrerzimmer

nichts, obwohl ja die Stunde begonnen hatte. Wenn dieser Schulleiter dann das Lehrerzimmer betrat, tat sich immer noch nichts. Gelegentlich versuchte er, seine Macht als Chef auszuspielen, indem er förmlich wurde und uns aufforderte, in unsere Klassen zu gehen. Schleppend und grinsend folgte das Kollegium zwar seinen Anweisungen, in der nächsten Pause machte man sich aber über den Schulleiter lustig.

Eine Pause werde ich nie vergessen. Wir saßen im Lehrerzimmer mit mehreren Kollegen. Unser Schulleiter, hinter vorgehaltener Hand „Rumpelstilzchen" genannt, steuerte zielgerichtet auf Herrn E. (Französischlehrer) zu, der gerade dabei war, Französischarbeiten zu korrigieren. Herr E. ließ sich in keiner Weise stören oder beeindrucken und würdigte den Schulleiter keines Blickes. Der Schulleiter versuchte sich auf der Sachebene Respekt zu verschaffen: *„Herr E., Sie haben Pausenaufsicht!"* Herr E. ließ sich immer noch nicht irritieren sondern antwortete mit stoischer Gelassenheit: *„Was, ich soll Aufsicht haben? Das ist doch wohl nicht möglich!"*, und setzte unbeeindruckt seine Korrekturen fort.

Eine solche Ignoranz vor versammeltem Kollegium konnte sich der Schulleiter natürlich nicht gefallen lassen. Er setzte nach: *„Herr E., ich fordere Sie letztmalig auf, Ihrer Pausenaufsicht nachzukommen. Das ist keine Empfehlung, das ist eine Dienstanweisung."* Aber auch das ignorierte Herr E. Er korrigierte einfach weiter, ohne auch nur seinen Kopf zu erheben. Den Machtkampf hatte er für sich entschieden und der Schulleiter war blamiert. Zum Schluss ist festzustellen, dass der Schulleiter bis zu seiner Pensionierung die Stellung gehalten hat.

Weil die Frage der Führungsqualität so erheblich ist, gibt es in der Industrie oft harte Ausleseverfahren, bevor einem Mitarbeiter eine Managerrolle übertragen wird. In staatlichen Organisationen dagegen werden Beförderungen – so scheint es zumindest – nicht nur von den Führungsqualitäten abhängig gemacht. So ist mir aus dem Schuldienst ein Fall bekannt, in dem eine Schulleiterin wegen offensichtlich nicht ausreichender Führungsqualitäten und Standfestigkeit vom Lehrerkollegium gemobbt wurde und irgendwann aufgab.

Gerade ein Schulleiter muss über ein sehr hohes Maß an Autorität verfügen, denn die Möglichkeiten der Personalpolitik sind, verglichen mit einem Manager in der Industrie, beschränkt. So kann er wohl Referendare einstellen und gewisse Beförderungen befürworten, aber er kann einem schlechten, faulen Lehrer nicht das Gehalt kürzen, geschweige denn ihn entlassen, und er kann guten Mitarbeitern keine Gehaltserhöhungen oder Boni verschaffen. Personalpolitisch gesehen, sind ihm also die Hände mehr oder weniger gebunden. (Vor einiger Zeit gab es Berichte in der Presse, dass ein Lehrer trotz Abmahnung immer wieder Schülerinnen sexuell belästigt hatte. Was passierte? Der Lehrer wurde nicht etwa aus dem Schuldienst entlassen, sondern an eine andere Schule versetzt!)

Ein Schulleiter ist auch noch aus zwei anderen Gründen auf ein hohes Maß an Autorität angewiesen:

- Er hat es ausschließlich mit Mitarbeitern zu tun, die eine im Wesentlichen gleiche Ausbildung absolviert haben wie er. Er kann seine Mitarbeiter also nicht von vornherein fachlich-intellektuell beeindrucken.

▓ Seine Aufgabe besteht vor allem darin, Erlasse und Anordnungen von der Schulaufsicht, des Schulrates oder der Bezirksregierung an seiner Schule durchzusetzen. Angesichts der Vielzahl und der Widersprüchlichkeit der umzusetzenden Richtlinien muss er den verständlichen Widerstand des Kollegiums immer wieder überwinden.

Ein Schulleiter, der nicht über ein ausgeprägtes Selbstbewusstsein verfügt und der nicht die Begabung hat, Konflikte zu lösen, hat es sehr schwer, die Richtlinien und Erlasse von „oben" dem Kollegium transparent zu machen.

Das folgende Beispiel zeigt, wie eine offensichtlich überforderte Schulleiterin zum Mobbingopfer wurde:

Cordula, 42:

„An der Schule, an der ich 12 Jahre lang tätig war, gab es eine sehr ehrgeizige Kollegin mit perfektionistischen Zügen und einer stark feministischen Gesinnung. An unserer überwiegend männlich besetzten Schule war sie insofern nicht besonders beliebt, weder bei den weiblichen noch bei den männlichen Kollegen, weil sie eine besserwisserische, missionarische Art hatte, die keiner mochte. Im Laufe der Zeit machte sie sich überall Feinde, weil sie als fanatisch und schwierig eingestuft wurde und immer alles bis ins Letzte ausdiskutieren wollte. Am Ende machten alle um sie einen großen Bogen.

Diese Kollegin war zwar schwierig, aber tüchtig und zielstrebig, und erhielt schließlich eine Schulleiterstelle an einer überwiegend weiblich besetzten Schule. Von einer Studienkollegin, die dort arbeitet, erfuhr ich, wie es der frisch gebackenen Che-

fin an der neuen Schule erging. Mit vollem Elan übernahm sie ihre neue Rolle und begann, schulische Abläufe perfekt umzu-organisieren, Kollegen durch unangekündigte Unterrichtsbesu-che zu kontrollieren und sie für lächerliche Kleinigkeiten zum Rapport antreten zu lassen. Das hatte Folgen. Ihre Aktionen wurden als Schikane empfunden und bald regte sich subtiler Widerstand im Kollegium, das mit ‚Dienst nach Vorschrift‘ auf den Druck von oben reagierte. Später widersetzte man sich ihren Dienstanweisungen und ließ die Schulleiterin ‚auflau-fen‘.

Die Schulleiterin machte darüber hinaus noch einen weiteren kapitalen und folgenschweren Fehler, indem sie sich dazu hin-reißen ließ, an einem älteren, sehr beliebten Kollegen wäh-rend einer Konferenz ein Exempel zu statuieren und ihn ‚vor-zuführen‘. Mit diesem Versuch, sich über einen vermeintlich schwachen Kollegen Respekt zu verschaffen und an ihm die eigene Macht zu demonstrieren, war sie kläglich gescheitert und das Gegenteil von dem, was sie eigentlich beabsichtigte, geschah. Von dem Zeitpunkt an wurde die Schulleiterin nicht mehr ernst genommen. Man tuschelte und kicherte, wenn sie den Raum betrat, machte sich über sie lustig, und am Ende beachtete man sie einfach nicht mehr. Das Kollegium machte aus der neuen Schulleiterin eine ‚Frühstückschefin‘.

Das verfehlte seine Wirkung nicht. Der ständige Widerstand und ihre Ohnmacht, die Situation zu beherrschen und die Führung zu behalten, führten langfristig dazu, dass die Schul-leiterin an Depressionen erkrankte und monatelang in einer psychosomatischen Klinik verbrachte. Als sie an ihre Schule zurückkehrte, begann wieder das gleiche Spiel. Sie bekam dort kein Bein mehr auf den Boden und glitt erneut in Depressionen ab. Nach über einem Jahr der Dienstunfähigkeit wurde sie als dauerhaft dienstunfähig frühpensioniert."

Das konkurrierende Gruppenmitglied

Wenn ein Mitarbeiter sich durch besonders gute Leistungen, Ehrgeiz und Fleiß von den übrigen Gruppenmitgliedern unterscheidet, wird er von diesen oft als Konkurrent angesehen. Besonders zwei Typen dieser Konkurrenten ziehen die Abneigung der übrigen Gruppenmitglieder auf sich:

- der sogenannte „Streber", der nach „oben" kommen will,
- der externe Mitarbeiter, der die Abteilung vorübergehend unterstützen soll.

– Der „Streber"

Das Wesen des Strebers liegt nicht darin, dass er sehr gute Leistungen bringt. Das allein würde von einer Gruppe sicher begrüßt werden, da sie davon ja auch profitiert. Das Wesen des Strebers wird in der einschmeichelnden Art und Weise erkennbar, mit der er den Vorgesetzten versucht, von sich zu überzeugen. Dahinter steckt natürlich die Absicht, befördert zu werden. Dieses Vorgehen wird von den Gruppenmitgliedern argwöhnisch und mit zunehmendem Missfallen beobachtet. Es beginnt ein Mobbingprozess!

Mariella, 31:

„In unserer Abteilung, die komplett weiblich besetzt ist, arbeitet seit fast einem Jahr eine Kollegin, die wir alle nicht mögen. Sie verhält sich wie in der Schule der typische Streber. Bei Meetings tut sie sich hervor, redet dem Chef nach dem Mund und hinterlässt eine Schleimspur, dass einem nur noch übel werden kann. Sie macht dem Chef schöne Augen, flirtet ungeniert mit unserem Abteilungsleiter und zeigt uns damit, dass sie Sonderkonditionen hat und über uns steht. Sie tut jedem gegenüber sch…freundlich, ist aber falsch und hinterhältig und total perfektionistisch. Ihr Arbeitseifer hat unserer Meinung nach schon krankhafte Züge. Weil sie sich beim Chef in Szene setzen und unverzichtbar sein will, ist sie morgens die Erste und abends die Letzte. Irgendwann ist uns anderen der Kragen geplatzt und wir sannen auf Rache. Wir haben uns überlegt, wie wir sie für ihr unkollegiales Verhalten bestrafen könnten. Unsere erste Maßnahme bestand darin, sie zu ignorieren, ‚auflaufen' zu lassen und nicht mehr auf sie zu reagieren. Gesprochen haben wir nur noch das Nötigste, wenn es dienstlich war und damit unvermeidbar (aggressives Schweigen). Dann haben wir beim Abteilungsleiter und beim Chef in wechselnden Rollen immer mal Bemerkungen gemacht, die das Ansehen dieser Kollegin infrage stellten. Gelegentlich haben wir auch Gerüchte über sie in Umlauf gesetzt, um es der blöden Zicke heimzuzahlen, sich immer in den Vordergrund zu spielen (verdeckte Aggression); wir haben die Zusammenarbeit mit ihr sabotiert und sie von wichtigen Informationen abgeschnitten. Am Ende haben wir sie offen ausgegrenzt, indem wir verabredet haben, geschlossen – ohne sie – zur Kantine zum Mittagessen zu gehen (Ausgrenzung). Wir hatten nicht mal ein schlechtes Gewissen dabei, weil die ja mit allem angefangen hat."

Wenn man den Typ „Streber" auch als Mobbingopfer be-
zeichnen kann, so ist doch festzustellen, dass sich bei ihm
die negativen Mobbingfolgen in Grenzen halten. Das hat
zwei Gründe: Der Streber verfügt meist über ein gut aus-
gebildetes Selbstwertgefühl. Er ist es, der auf die Gruppe
herabsieht, von der er sich emanzipieren will, und nicht
umgekehrt. Zwar ist es auch für ihn nicht angenehm, täglich die Ablehnung der anderen zu spüren, aber es härtet
ihn auch ab, und da er sich seines Erfolges sicher ist, betrachtet er die Zusammenarbeit mit der Gruppe ohnehin
nur als vorübergehende Episode. Zweitens kann er sich
aufgrund seiner häufigen und exklusiven Kontakte mit
dem Chef sicher sein, dass dieser hinter ihm steht.

– Der externe Mitarbeiter

Im Folgenden schildere ich einen Fall eines selbstständi-
gen EDV-Beraters, der mehrere Jahre als Externer bei einer
Bank arbeitete:
    Es gibt Abteilungen, in denen die Arbeit trotz Überstun-
den kaum geschafft wird; man arbeitet an der Kapazitäts-
grenze. Eine Möglichkeit, den Engpass zu überwinden,
besteht darin, vorübergehend externe Mitarbeiter einzubinden. Diese sind für die anfallenden Arbeiten nicht
nur ausreichend, sondern häufig höher qualifiziert als das
Stammpersonal, und verdienen, insbesondere, wenn sie
selbstständig sind, sehr viel mehr als die Belegschaftsangehörigen. Aber es gibt ein Problem: Externe Mitarbeiter
müssen sich erst einarbeiten – und das können sie nur
mithilfe der vorhandenen Belegschaft. Nun muss man

nicht glauben, dass ein Externer von den Kollegen in der Abteilung mit offenen Armen aufgenommen wird. Zwar beklagt sich diese beim Chef, dass man mit der Arbeit nicht fertig wird, dass man Termine trotz Überstunden nicht einhalten kann, aber wenn dieser dann durch die Anstellung eines Externen für Entlastung sorgt, wirkt das wie eine bittere Medizin: Die eigene Bedeutung droht abzunehmen, die Chancen, den Chef zu erpressen, sinken. Damit ist der Konflikt zwischen dem externen Mitarbeiter und den Belegschaftsangehörigen vorgegeben, und ein Mobbingprozess droht zu beginnen.

Da weder der Chef noch der externe Mitarbeiter davon etwas merken sollen, wird in der Form der *getarnten Aggression* gemobbt. Der Hebel hierzu ist das Informationsbedürfnis des Externen. Während es noch relativ schnell möglich ist, sich einen Überblick über Personen, Namen, Funktionen und Abteilungen zu verschaffen, kann es sehr mühsam sein, die unternehmensspezifischen Schlüssel- und Abkürzungssysteme zu verstehen und zu erkennen, welche Dateien und Programme angewendet werden. Der Externe muss also in der Anfangszeit fragen, fragen und noch einmal fragen, und die Auskunftsbereitschaft der Belegschaftsangehörigen hält sich dann mehr oder weniger in Grenzen. Herr A. sagt: *„Da wenden Sie sich besser an Frau B.!"* Frau B. sagt: *„Damit habe ich schon lange nichts mehr zu tun gehabt. Gehen Sie doch zu Herrn C.!"* Herr C. sagt: *„Im Augenblick habe ich leider überhaupt keine Zeit. Sie wissen ja, dass alle unter Hochdruck arbeiten müssen."* Da nützt es dem externen Mitarbeiter auch nichts, wenn sein Auftraggeber ihm zugesagt hat, dass Herr C. ihn bei allen Fragen unterstützen würde. Er läuft wie ein Hamster im Rädchen.

Irgendwann, vielleicht nach einem Monat, hat der externe Mitarbeiter es mit seiner Kommunikationsfähigkeit, seinem Charme und seiner Zähigkeit geschafft, sich einzuarbeiten, sodass er die eigentlichen Aufgaben nun systematisch abarbeiten kann. Er hat das gewünschte Anwendungsprogramm, z. B. die Zinsberechnung für ein Finanzprodukt einer Bank, erstellt, getestet und leitet es der Freigabeabteilung weiter. Am nächsten Tag geht es in Produktion. Und dann passiert das, was nie passieren darf: Es tritt ein Fehler auf! Kunden der Bank beschweren sich.

Auch wenn es dem externen Mitarbeiter gelingt, das Problem in kürzester Zeit zu bereinigen, wird dieser Anlass benutzt, ihn nach allen Regeln der Kunst fertigzumachen. Bezeichnenderweise halten sich die Kollegen seiner Abteilung bedeckt, denn sie wissen aus eigener Erfahrung, dass solche Fehler immer wieder vorkommen und kaum vermeidbar sind. Es treten aber plötzlich weitere Akteure in Erscheinung, die der Externe als Gegner noch gar nicht identifiziert hatte und die nun den Fehler ins Unerträgliche aufbauschen:

Ein anderer Externer, mit dem er aus fachlichen Gründen noch nie etwas zu tun hatte, sucht ihn in seinem Zimmer auf: *„Herr E., wie konnte Ihnen das passieren? Wie steht das Institut jetzt da. Der Vorstand diskutiert bereits den Fall. Ich kann Ihnen nur raten, sich sofort bei Direktor B. zu entschuldigen.“*

Kurz darauf kommt der Abteilungsleiter: *„Herr E., das darf nie wieder vorkommen! Die Kundschaft hat sich sogar schon beim Vorstand beschwert! Ich erwarte, dass Sie sich schriftlich bei Direktor B. entschuldigen.“*

So geht man nicht mit den eigenen Mitarbeitern um! Aber ein Externer zieht oft Aggressionen auf sich, es sei denn, er hat sich mit der Zeit eine gewisse Reputation aufgebaut und, noch wichtiger, er hat es verstanden, kraft seiner Persönlichkeit einen guten „Draht" zu den Leitenden aufzubauen. Im günstigsten Fall besteht sogar ein kumpelhaftes Verhältnis.

3.3. Die Rolle der Sympathisanten oder Verbündeten

Der Mobber ist der Initiator im Mobbingprozess, der alles daransetzt, um seinen Widersacher zu isolieren und zu schädigen. Um dieses Ziel zu erreichen, versucht er, in seiner Gruppe *Verbündete* oder *Sympathisanten* zu gewinnen. Sympathisanten agieren entweder *aktiv* oder *passiv*.

Aktive Sympathisanten unterstützen den Mobber, indem sie mitmachen und das Opfer zusätzlich quälen und peinigen. Der Unterschied zwischen einem Mobbingtäter und einem aktiven Sympathisanten ist oft nur graduell festzustellen. *Passive Sympathisanten* sind zwar nicht unmittelbar und direkt am Geschehen beteiligt; sie unterstützen dieses aber, indem sie es als Wegseher zulassen, dass das Opfer schikaniert und drangsaliert wird.

Da Mobbing eine Machtdemonstration ist, spielen Anwesende eine wesentliche Rolle. Meist finden Übergriffe nur dann statt, wenn Zuschauer da sind, vor denen sich der Mobber profilieren kann. Passivität wird als Erlaubnis für Mobbing verstanden. Auch bloßes Lachen über das Mobbingopfer unterstützt den Mobbingtäter. Zum passiven „Mittäter" wird jeder, der Mobbing duldet oder deckt. Dieses Verhalten wird bekanntlich mit dem Ausdruck „mangelnde Zivilcourage" bezeichnet.

Um nicht zum passiven „Mittäter" zu werden, ist also eine eindeutige Haltung gefragt, die dem Mobbingtäter signalisiert, dass Sie seine Aggressionen verurteilen. Das bedeutet nicht, sich in jeden Disput oder Konflikt sofort einzumischen. Gerade dadurch könnten Sie selbst zur Zielscheibe anderer werden. Wenn Sie allerdings feststellen, dass in Ihrem Umfeld Mobbing betrieben wird, dann sollten Sie ganz klar und deutlich Ihre Meinung zur Situation äußern. Mobber agieren am liebsten aus der Deckung heraus. Für sie ist es ein „Supergau", enttarnt und bloßgestellt zu werden.

Warum es in einer Gruppe zu aktiven oder passiven Aggressionen gegenüber einem Gruppenmitglied kommen kann, ist Gegenstand psychologischer Forschung auf dem Gebiet der „Gruppendynamik".[35] Hierüber zu referieren, würde den Umfang dieses Ratgebers sprengen.

Nach meiner Meinung werden aktive und passive Sympathisanten von dem starken Bedürfnis geleitet, Mitglied einer bestimmten Gruppe zu bleiben (oder zu werden), und sind deshalb bereit, sich im Falle des Mobbings in einer Weise zu verhalten, von der sie genau wissen, dass sie eigentlich nicht in Ordnung ist.

Ein Opfer, ein Außenseiter hat für eine Gruppe zusammenhaltende Funktion. Eine Gruppe benötigt eine eigene Gruppenidentität, etwas, was sie von anderen und insbesondere vom Außenseiter abhebt, ein Merkmal, das sie zu etwas Besserem macht und das das Selbstbild und Selbstwertgefühl des Einzelnen erhöht. Ein gemeinsames

Feindbild stärkt so den Gruppenzusammenhalt und erhöht das Gemeinschaftsgefühl. Damit besteht auch ein Gruppenzwang.

Derjenige, der nicht mitmacht oder sich neutral verhält, kann leicht ins Abseits geraten und selbst zum Feindbild werden. Es erfordert Rückgrat, Selbstbewusstsein und Gerechtigkeitsempfinden, sich in einer aggressiven Gruppe vor ein Mobbingopfer zu stellen.

Wenn sich Sympathisanten selbst aktiv am Mobbing beteiligen, spricht man, wie schon erwähnt, vom *„Rudel-Mobbing"*.

Stefanie, 37:
„Ich bin Sachbearbeiterin bei einer großen Versicherung und arbeite in einem Großraumbüro. Von Anfang an wurde ich gemobbt, obwohl ich keine Idee habe, warum. Täglich, wenn ich an meinen Platz kam, lag da irgendein Zettel mit irgendeiner ‚Botschaft', z. B., ‚Blöde Zicke. So eine wie dich brauchen wir in unserer Abteilung nicht! Verpiss dich.' Das war auf dem PC geschrieben und ausgedruckt. Ich weiß nicht, von wem das ist, vielleicht sind es mehrere – keine Ahnung. In der Pause habe ich mich auf die Toilette verzogen, damit keiner sieht, dass ich heule. Als ich heute nach Hause wollte, habe ich gemerkt, dass meine Jacke nicht mehr an der Garderobe hing. Sie lag in der Abstellkammer und war total verdreckt."

Im vorliegenden Fall wurde höchstwahrscheinlich in Gemeinschaft gemobbt, in einem Bündnis mehrerer Mitarbeiter, um eine nicht akzeptierte Mitarbeiterin dauerhaft zu attackieren, um sie mürbe zu machen und loszuwerden. Über die Motive der Mobbingtäter erfahren wir nichts. Aber es stellt sich die Frage, wie Stefanie auf diesen Psychoterror hätte reagieren sollen (s. dazu S. 109: „Das Gespräch mit dem Vorgesetzten und dem Betriebsrat").

Auch das folgende Beispiel illustriert das Phänomen „Rudel-Mobbing".

Susanne, 27:
„Man sagt zwar, gut aussehende Frauen hätten es leichter im Job. Das Gegenteil habe ich erlebt. Ich wurde von Kolleginnen aufs Übelste gemobbt. Den genauen Grund dafür weiß ich natürlich nicht. Ich vermute, dass es damit zu tun hat, dass ich neben meinem Job als kaufmännische Angestellte erfolgreich als Model arbeite. Die Kolleginnen haben hinter meinem Rücken schlecht über mich geredet. Unter dem Vorwand, ich sei arrogant und eingebildet, wurde ich gemieden, mies behandelt und ausgegrenzt. Es war die Hölle. Zweimal habe ich deswegen meine Arbeitsstelle gewechselt. Die Zicken haben über alles gelästert: meine Frisur, meine Kleider, meine Schuhe, mein Benehmen. Am meisten litt ich darunter, alleine zu Mittag essen zu müssen, weil ich von den anderen gemieden wurde. Ich habe meine Arbeitskolleginnen darauf angesprochen, was sie gegen mich hätten. Sie taten ganz scheinheilig, es sei doch nichts, ich bilde mir das alles nur ein. Um nicht zum Mauerblümchen zu verkommen, habe ich mich dann mehr an meine männlichen Arbeitskollegen gehalten. Doch damit machte ich alles noch schlimmer. Das führte dazu, dass noch mehr übles Gerede über mich in Umlauf kam. Irgendwann hatte ich genug von weiblichen Bürokollegen. Seit drei Monaten arbeite ich als Personal-Assistentin in einem Finanzdienstleistungsunternehmen – als einzige Frau mit acht Männern. Es ist einfach nur

angenehm. Meine Kollegen akzeptieren und respektieren mich.
Es ist total entspannt."

Susanne provozierte ihre Kolleginnen – ohne es zu beab-
sichtigen – durch ihr überdurchschnittlich gutes Aussehen und ihre Nebentätigkeit als Model, mit der sie den
Neid der Kolleginnen auf sich zog. Unter dem Vergleich
mit Susanne leiden Selbstbild und Selbstbewusstsein der
anderen. Um sich diesem Vergleich nicht stellen zu müssen, wird ein „Feindbild" aufgebaut und es beginnt ein
Mobbingprozess, an dem alle Kolleginnen mehr oder weniger aktiv beteiligt sind. Fast alle Mobbingformen werden eingesetzt: die verdeckte Aggression, indem hinter
Susannes Rücken schlecht gesprochen wird, die getarnte
Aggression, indem die Mobber scheinheilig jede Schuld
abstreiten, und schließlich die Ausgrenzung.

Rudel-Mobbing ist in Abteilungen, die ausschließlich
mit Frauen besetzt sind, nicht selten. In diesem Zusammenhang spricht man auch vom sogenannten *„Krab-*
benkorbphänomen". Fischer brauchen, wenn sie Krabben
gefangen haben, den Korb nicht zuzudecken, denn jede
Krabbe, die versucht, sich zu entfernen, wird von den
anderen Krabben zurückgeholt. Warum ist das auch bei
Frauen so?

Alle sitzen in einem „Korb" und fühlen sich im Ein-
klang miteinander. Wenn eine der Frauen nun versucht
auszusteigen, weil sie mehr Talent und Durchsetzungswil-
len besitzt als die anderen und zudem den Ehrgeiz hat, viel
zu erreichen, dann neigen die anderen dazu, sie wieder
herunterzuziehen, weil es die Harmonie der Gruppe stört.
Nichts bedroht Frauen mehr als eine tüchtige Frau. Frau-

en, die auf irgendeinem Gebiet in Führung gehen, verlieren die Geborgenheit und Zugehörigkeit der Gruppe. Oft bedarf es nur eines geringen Anlasses, der schon darin bestehen könnte, dass eine Mitarbeiterin überschwänglich gelobt wird und besonders viel Anerkennung bekommt.

Das Motiv, warum sich eine ganze Gruppe aktiv am Mobbing eines Gruppenmitgliedes beteiligt, ist oft ihr Bedürfnis nach einem Sündenbock. Betriebliche Probleme oder Konflikte, eigene Fehler, Unzulänglichkeiten und Frustrationen werden einer Person, dem Mobbingopfer, angelastet. Man muss sich nicht selbstkritisch mit dem eigenen Fehlverhalten auseinandersetzen und bewahrt sich das „Ich-bin-o.k.-Gefühl", indem man die Verantwortung auf einen Sündenbock abschiebt.

Anfangs bekommen die meisten Mobbingopfer nicht einmal mit, dass man sie ungerechtfertigterweise für etwas verantwortlich macht, was andere „verbockt" haben. Aus der anfänglich subtilen und getarnten Vorgehensweise entwickelt sich erst nach und nach ein Klima der offenen Feindseligkeit, dem zu entkommen immer schwerer wird. Diese gezielte Strategie des Kesseltreibens gegen einen Mitarbeiter führt bei diesem zu Verunsicherung und Zermürbung und schwächt seine Widerstandskraft. Die Schwäche des Opfers gibt den Aggressoren ein Gefühl der Macht und Stärke, die Täter erfahren eine psychische Entlastung und ihr Selbstwertgefühl steigt. Der Sündenbock dient insofern als Katalysator und steigert bei den Angreifern das Zusammengehörigkeitsgefühl.

Linda, 29:

*„Ich arbeite jetzt drei Jahre als Sachbearbeiterin bei einer gro-
ßen Versicherung. Die Arbeit selbst macht mir Spaß, trotz des
üblen Betriebsklimas. Was mich aber total fertigmacht, ist die
Tatsache, dass ich von einer Gruppe von Mitarbeitern als Sündenbock missbraucht werde für alles, was schiefläuft. Irgendwie haben die es drauf, mich beim Abteilungsleiter schlecht
aussehen zu lassen und eigene Pannen und Versäumnisse mir
in die Schuhe zu schieben. Bei dem kleinsten Fehler, der irgendwann jedem einmal unterläuft, machen die mich dann
vor versammelter Mannschaft fertig. Selbst eine Mitarbeiterin,
mit der ich mich eigentlich gut verstehe, traut sich nicht, mir
beizustehen und Partei für mich zu ergreifen, aus Angst, selbst
zur Zielscheibe zu werden."*

Leider ist es so, dass ein Sündenbock die Situation
durch sein Verhalten kaum beeinflussen kann.

1. Mobbing erkennen

Das Erkennen von Mobbing ist der erste wichtige Schritt zur Mobbingabwehr. Um Mobbing wirksam begegnen zu können, ist es wichtig, die darin enthaltene Destruktivität frühzeitig zu erkennen. Das ist oft schwierig, weil die meisten Betroffenen erst spät realisieren, was mit ihnen geschieht. Meist erleben Opfer die Mobbinghandlungen wie einen bösen Traum, der sie innerlich blockiert und lähmt.

Das Perfide ist, dass die menschenverachtenden Mobbingangriffe da ansetzen, wo jeder Mensch verwundbar ist – bei seinen psychischen und sozialen Grundbedürfnissen. Jeder Mensch braucht Anerkennung, Sicherheit und Zugehörigkeit. Die dem Mobbing zugrunde liegende psychosoziale Gewalt richtet sich besonders gegen die Selbstsicherheit, Unabhängigkeit und das Ansehen der Person und wirkt wie ein schleichendes Gift, das das Opfer in seiner Wahrnehmung verunsichert und handlungsunfähig macht.

Weil sich Mobbingopfer dem Geschehen hilflos und ohnmächtig ausgeliefert fühlen, versuchen sie häufig, ihr Problem mit Logik zu lösen. Das aber kann nicht funktionieren, denn Gefühle sind nicht logisch. Aber warum ist es so schwer, Mobbing zu identifizieren?

Es liegt an der *Vielzahl der Formen* aggressiven Verhaltens und daran, dass unser Verstand oft nicht richtig interpretiert, was uns unser Bauchgefühl vermittelt. Meist
ist unser Verstand erst nach und nach bereit, unsere negativen Gefühle richtig zu interpretieren und den Mobbingtäter als solchen zu entlarven. Hierfür gibt es Gründe:[36]

- Die seelische Gewalt erfolgt in der Form der Mani-
  pulation.
- Die Aggressionen sind getarnt.
- Die Aggressionen sind indirekt oder verdeckt.
- Das Opfer glaubt an das „Gute" in der Person des
  Aggressors.
- Das Opfer scheut sich, Konsequenzen zu ziehen.

Ein verbaler Angriff kann mehr oder weniger *unbeabsich-
tigt* einen *„wunden Punkt"* treffen, er kann *vorsätzlich offen* oder *getarnt* beleidigen oder bloßstellen und er kann
in Form der üblen Nachrede *indirekt und verdeckt* geführt
werden.

Unter Menschen bleibt es nicht aus, dass man gelegentlich *unabsichtlich* in ein *„Fettnäpfchen"* tritt oder einen *„wunden Punkt"* berührt. In diesem Fall ist der Ver-
letzte im *Vertrauen auf das Gute* in der Person des Aggressors – insbesondere nach einer Entschuldigung – im Allgemeinen bereit, zu verzeihen. Wenn er aber wiederholt
mit taktlosen Bemerkungen verletzt wird, muss er sich
überlegen, ob er das hinnimmt oder wie er sich dagegen
wehren kann.

Wenn Menschen uns immer wieder spüren lassen, dass
sie uns nicht guttun, sollte man sie meiden. Das ist aber

leichter gesagt als getan. Insbesondere bei Arbeitskollegen ist das nicht möglich und häufig schrecken *finanzielle und soziale Konsequenzen* das Opfer ab, den Arbeitsplatz zu wechseln. Viele sagen sich dann: *„Ich sitze das aus!"* In der Regel zahlen sie für dieses „Aussitzen" einen hohen Preis, oft in Form von Krankheiten.

Die Angst vor den Konsequenzen einer weitreichenden Entscheidung und der Hang zur Beschönigung oder Harmonie verhindern, dass das Mobbingopfer die seelische Gewalt als solche erkennt. Das gleiche Verhaltensmuster verhindert auch die Entlarvung *getarnter Aggressionen*. Wenn z. B. ein Kollege einen Witz zulasten eines anderen macht, dann lässt sich das Opfer oft bereitwillig überzeugen, dass diese böse Anspielung *„doch nicht so gemeint"* war – behält aber ein ungutes Bauchgefühl. Da muss man schon viel heruntergeschluckt haben, ehe man bereit ist, die getarnten Aggressionen als solche zu entlarven.

Hierfür ist es hilfreich, sich mit der *Körpersprache* zu befassen. Ob wir wollen oder nicht – unser Körper verrät unsere wahren Gefühle und Gedanken. Seine nonverbalen Botschaften sind uns nicht bewusst, daher kaum zu kontrollieren und deshalb authentisch.

Die Körpersprache richtig zu verstehen (Kopfhaltung, Augenpartie, Mundpartie, Armhaltung, Hände, Sitzhaltung, Stimme usw.), kann also von großem Vorteil sein. Eine Fülle von Zeichen und Signalen geben Hinweise darauf, ob jemand lügt, wenn er z. B. sagt: *„Ich freue mich sehr, dich wiederzusehen!"* Was ein Lügner sagt, passt nicht zu seiner Körpersprache. Worte kann man manipulieren, die Körpersprache nicht. Deshalb ist es lohnenswert, die Körpersprache interpretieren zu können.

Um sich selbst Klarheit zu verschaffen, ob das Verhalten eines Menschen Mobbing sein könnte, lohnt es sich, *zu überlegen und konkret aufzuschreiben*, welche Eigenschaften diese auf Sie toxisch wirkenden Personen haben und wodurch sie auf Sie so destruktiv wirken. Danach können Sie überprüfen, wie Sie sich ihnen gegenüber verhalten wollen.

2. Reaktionsmöglichkeiten des Mobbingopfers

Wer erkennt, dass er gemobbt wird, fragt sich, wie er am besten reagieren soll. Hierzu gibt es eine Vielzahl von Verhaltensweisen, von der Duldung über den Kampf bis zur Flucht. Aber egal, wofür man sich entscheidet, jede dieser Strategien kostet Kraft.

2.1. Die Duldung des Mobbings

Mobbingopfer machen Fehler, allein schon deshalb, weil sie auf Psychoterror am Arbeitsplatz nicht vorbereitet sind. Es ist fast unmöglich, intuitiv richtig zu reagieren, wenn man angegriffen wird. Das Gefährliche ist, dass durch eine falsche Reaktion der Mobbingprozess aufgrund von Wechselwirkungen noch weiter verstärkt werden kann. Deshalb ist es wichtig zu wissen, welche Verhaltensweisen helfen und welche nicht.

Ein guter Arbeitsplatz ist gerade in der heutigen Zeit besonders wertvoll und kaum jemand will ihn riskieren. Umso wichtiger ist es, genau abzuwägen: Aushalten, zurückschlagen oder flüchten? Die richtigen Antworten können Sie sich nur selbst geben.

Resignation

Die meisten Mobbingbetroffenen versuchen, durch *stille Duldung des Mobbings* Schlimmeres zu verhindern, mit der Folge, dass der Mobbingprozess weiterläuft und sie immer kränker werden. Vermeiden Sie den typischen Fehler von Mobbingopfern, sich mit der Situation abzufinden und sich in die Opferrolle zu fügen. Die meisten Mobbingopfer resignieren eines Tages und lassen alle Schikanen und Attacken über sich ergehen. Mühevoll halten sie eine Fassade nach außen aufrecht und hoffen, dass der Täter den „Spaß" verliert. Doch das passiert so gut wie nie. Menschen, die sich bei Mobbing in die Opferrolle fügen, machen für sich alles nur noch schlimmer. Ein williges Opfer ermutigt den Täter nur noch mehr.

Ignorieren

Selbstschutz kann dadurch geschaffen werden, indem das Opfer das Tun des Angreifers *ignoriert* und versucht, das Problem „auszusitzen". Wenn das Opfer auf die Attacken des Aggressors nicht mehr reagiert und scheinbar unbekümmert darüber hinweggeht, so hofft es, verliert der Angreifer vielleicht das Interesse. In den meisten Fällen kommt es aber mit der Zeit immer schlimmer. Um einen Angriff ignorieren zu können, muss man über eine gewisse Belastbarkeit verfügen. Wer psychisch sehr stark ist, kann versuchen, Mobbingangriffe an sich abprallen zu lassen. Für die meisten Betroffenen ist das aber keine Option, denn steter Tropfen höhlt den Stein und verun-

sichert auf Dauer auch sehr selbstbewusste Menschen, sodass sie irgendwann ihrer eigenen Wahrnehmung nicht
mehr trauen.

Innerer Rückzug

Eine Unterstützung der Strategie „Ignorieren" ist der „innere Rückzug". Indem Mobbingopfer auf *inneren Rückzug*
gehen, immunisieren sie sich gegen die Mobbingattacken.
Man macht *„innerlich dicht"* und ist somit nicht mehr verletzbar. Innerer Rückzug ist mehr als *„innere Kündigung"*.
„Innere Kündigung" bezieht sich nur auf die Art und Weise, wie man den Arbeitsanforderungen nachkommt. Das
Engagement für die Arbeit weicht einer Haltung „Dienst
nach Vorschrift". *Innerer Rückzug* dagegen ist vergleichbar
mit einem seelischen Rolladen, den man zum Selbstschutz
herunterlässt. Das tun wir gern, wenn z.B. jemand etwas
sagt oder tut, was wir nicht gut finden, wenn wir denken,
es geschehe uns Unrecht, wenn wir Kritik nicht ertragen
können, wenn wir etwas schon kennen und daher nicht
mehr recht hinhören. Die Strategien „Ignorieren" und
„Innerer Rückzug" signalisieren dem Aggressor: *„Ich verstehe deine Absicht, stehe aber nicht mehr als Opfer zur Verfügung."* Der Betroffene verlässt damit die Opferrolle.

Die bisher vorgestellten Verhaltensweisen sind gekenn-
zeichnet durch ein hohes Maß an Passivität. Passivität ist
aber in einem Mobbingprozess kontraproduktiv, da sie
den Mobbingtäter ermutigt, weiter zu attackieren. Nur
Aktivität bringt Sie wirklich weiter.

Stellen Sie sich einmal vor: Sie möchten einen Garten-teich anlegen. Voller Motivation besuchen Sie eine Buch-handlung und kaufen Literatur, zusätzlich gehen Sie wo-möglich auch ins Internet und informieren sich in Foren, wie andere Leute ihren Teich angelegt haben. All die In-formationen nützen Ihnen nichts, wenn Sie selbst nichts tun: wenn Sie anschließend keinen Plan für Ihren Teich entwerfen, wenn Sie kein Loch graben, keine Folie verle-gen, kein Wasser einfüllen. So ist es auch mit der Strate-gie gegen Mobbing: Ganz egal, wie viel Sie über Mobbing wissen – Ihr ganzes Wissen nützt Ihnen nichts, wenn Sie es nicht anwenden. Aktiv werden Sie, wenn Sie sich dem Kampf stellen!

2.2. Die direkte Konfrontation mit dem Mobber

Die wenigsten Mobbingopfer versuchen, Mobbing durch direkte Konfrontation mit dem Täter zu unterbinden, oft aus Angst, ihre Situation weiter zu verschärfen. Wer aktiv gegen Mobbing vorgehen will, also sich dem Kampf stel-len will, braucht vor allem ein gesundes Selbstbewusst-sein. Doch hier „beißt sich die Katze in den Schwanz", denn wenn jemand über eine ausreichende Ich-Stärke verfügt, ist er nicht wirklich „mobbar"; denn wie im Ab-schnitt „Die Persönlichkeit des Mobbingopfers" (S. 49) ausgeführt wurde, ist gerade ein schwaches Selbstbewusst-sein ein Charaktermerkmal von Mobbingopfern. Welche Möglichkeiten hat also das Opfer, realistisch betrachtet, um Mobbing aktiv abzuwehren?

Das direkte Gespräch mit dem Mobber

Wer sich von Kollegen gemobbt fühlt, sollte das nicht einfach ignorieren. Wenn Sie merken, dass Sie von einem Kollegen geschnitten werden, dass Ihre Arbeit nicht mehr gewürdigt wird, dass Sie über längere Zeit eine belastende Stimmung wahrnehmen, sollten Sie nachfragen, warum das so ist und welche Ursachen dafür vorliegen. Vorwürfe sollten klar ausgesprochen werden. Fragen Sie konkret nach, was Ihnen vorgeworfen wird. Damit signalisieren Sie, dass Ihnen die Situation nicht gleichgültig ist und Sie an einer Klärung interessiert sind. Entscheidend ist, dass Sie die Initiative ergreifen und nicht alles hinnehmen, sondern in die *Offensive* gehen.

Ein Gespräch unter vier Augen gibt dem Mobber die Chance, einzulenken und sein Gesicht zu wahren. Fragen Sie z. B.: *„Entschuldigen Sie, Herr Meier, mir ist in letzter Zeit aufgefallen, dass Sie mir gegenüber so unfreundlich sind. Hat das etwas mit mir zu tun? Ich wünsche mir ein gutes Einvernehmen mit allen Kollegen."* Oder noch direkter: *„Was soll das? Worum geht es Ihnen eigentlich?"*

Aber drohen Sie bitte nicht! Bitten Sie den Verbreiter von Gerüchten, dies zukünftig zu unterlassen. Es reicht womöglich schon, dem Angreifer den Wind aus den Segeln zu nehmen, indem Sie erkennen lassen, dass Sie die Absicht des anderen durchschauen. Indem Sie den Mobber außerhalb der Gruppe ansprechen und ihn mit seinem Verhalten konfrontieren, hat er die Möglichkeit, *„die Katze aus dem Sack zu lassen"* oder sich ohne Gesichtsverlust zurückzuziehen. Als Einzelner steht er nicht unter dem Druck der Gruppe und kann einlenken, ohne vor den anderen dumm dazustehen. Vielleicht wird er in Zukunft vorsichtiger sein.

Leider führt das Gespräch mit dem Mobber nicht immer zum gewünschten Erfolg, wie das Beispiel von Susanne im Abschnitt „Die Rolle der Sympathisanten oder Verbündeten" (S. 85) zeigt. Unter der Maske der Scheinheiligkeit streitet der Mobber alle Vorwürfe ab. Mobbing vollzieht sich eben überwiegend in Form der getarnten Aggression! Trotzdem sind direkte Gespräche mit dem Mobber nicht von vornherein aussichtslos. Vielleicht sind die folgenden Überlegungen für ein solches Gespräch hilfreich:

– Die Ausgangslage

Seien Sie sich bewusst, dass Sie ein emotionales Problem nicht auf der Sachebene ansprechen und lösen können. Realisieren Sie, dass der Mobbingtäter zunächst über die besseren Waffen verfügt, andernfalls wären Sie nicht in der Situation des Mobbingopfers. Machen Sie sich klar, dass im Fall des Rudel-Mobbings eine Überzahlsituation besteht. Ein Scheitern des direkten Gesprächs könnte zur Verschärfung der Dynamik der gegen Sie gerichteten Aggressionen führen.

– Die Risiken

Sie riskieren, noch weiter gedemütigt zu werden, indem der Täter entweder sein Mobbing bestreitet oder Ihnen die Schuld für die Situation in die Schuhe schiebt und sich selbst zum Opfer macht. Wenn sich der Täter ertappt fühlt, riskieren Sie, dass er Sie in Zukunft vermehrt subtil attackiert, also in den Formen der verdeckten und getarnten Aggression.

– Die Chancen

Zwar kostet es Überwindung, das Gespräch zu suchen, aber ein klärendes Gespräch ist dauerhaft die schmerzfreiere Variante. Wer Mobbingattacken still über sich ergehen lässt, wird innerlich immer angespannter und hilfloser. Die Konfrontation mit dem Täter kann dazu führen, den Täter besser zu verstehen und evtl. eine Mobbingattacke nicht nur als Angriff, sondern als Verteidigung zu sehen. Wer auch als Opfer etwas verändern will, kommt nicht umhin, sich mit dem Täter auseinanderzusetzen und herauszufinden, weshalb der andere sich so unkollegial verhält. Fühlt er sich zurückgesetzt oder ungerecht behandelt? Ist er möglicherweise gar nicht auf Sie, sondern auf den Chef sauer? Sind Sie nur der Blitzableiter? In einem persönlichen Gespräch mit dem Kollegen können Sie wieder an Boden gewinnen. Ihr Kollege wird feststellen, dass Sie nicht der Grund für seine Probleme sind.

Judith, 26:
„Ich habe von meinen Eltern gelernt, dass Angriff die beste Verteidigung ist. Diese Strategie klappt aber nur dann, wenn man noch nicht am Boden zerstört ist. Ich habe mir immer gleich die Leute vorgeknöpft und sie direkt mit ihrem hinterhältigen

Verhalten konfrontiert. Die meisten Mobber sind dann schlagartig ‚zurückgerudert' und haben meine Kritik und Abwehr als bedauerliches Missverständnis zurückgewiesen. Ich weiß zwar, dass es keine Missverständnisse, sondern Angriffe waren, aber ich habe dem Mobber einen Gesichtsverlust erspart, indem ich es vermieden habe, ‚nachzukarten'. Meiner Beobachtung nach gibt es aber nur wenige Opfer, die das schaffen, denn Mobber suchen sich meist Opfer aus, von denen sie keine Gegenwehr erwarten und auf deren Kosten sie sich profilieren oder ihre Aggressionen ausleben können."

Corinna, 37:
„Ich habe gute Erfahrungen damit gemacht, jede Grenzüberschreitung mit der Methode ‚Gleiches mit Gleichem' zu bekämpfen und notfalls zurückzumobben. Damit habe ich klargemacht: ‚Ich bin zwar ein harmoniebedürftiger Mensch, aber ich kann auch anders.' Die meisten Mobber konnte ich damit in die Flucht schlagen bzw. davon abhalten, sich an mir zu vergreifen. Meiner Meinung nach wollen die meisten Täter nur ausprobieren, ob man sich wehrt. Wenn es für sie zu anstrengend wird, verlieren sie ihr Interesse und suchen sich ein anderes Opfer."

Befindet sich der Konflikt schon im fortgeschrittenen Stadium, hat solch ein Gespräch allerdings oft keinen Sinn mehr und ein entsprechender Gesprächswunsch wird eher als Schwäche ausgelegt.

Konfrontation durch Schlagfertigkeit

Es gibt Mobbingtäter, die überwiegend verbal attackieren. Sie benutzen die Form der offenen Aggression z. B. durch Beleidigungen, oder die Form der getarnten Aggression, z. B. durch scheinbar witzige Bemerkungen. Angenommen, der Mobbingtäter greift Sie immer wieder, selbst nach einem Vier-Augen-Gespräch, auf diese Weise an, dann sollten Sie auf der gleichen Ebene kontern, um zu zeigen: *Mit mir kannst du das nicht machen!*

Zugegeben, es ist eine kühne Vorstellung, das Verhalten eines Mobbingtäters ändern zu wollen, unmöglich ist das aber nicht. Sie könnten die Strategie der *Konfrontation* anwenden, d. h. mit der gleichen Methode vorgehen wie der Täter. Das Zauberwort heißt: *Schlagfertigkeit*. Diese kann man üben und man sollte sich ein verbales „Waffenarsenal" zulegen.

Um Schlagfertigkeit zu erlernen, gibt es besondere Rhetorikseminare, in denen diese unter der Leitung eines Coachs in Rollenspielen eingeübt wird. Daneben geht es in solchen Seminaren darum, Gemobbten zu zeigen, welche kommunikativen Waffen eingesetzt werden können, um die verbalen Angriffe des Mobbers abzuwehren.

Das Wichtigste in diesem Zusammenhang ist ein gut entwickeltes *„Frühwarnsystem"*, das einen die Aggression hinter der Tarnung erkennen lässt. Versuchen Sie es doch einmal mit einer *Retourkutsche* und kontern Sie mit irgendeiner flapsigen Bemerkung. Es muss nicht genial sein, wichtig ist allein, dass Sie *prompt reagieren*! Weil Schlagfertigkeit vom Überraschungseffekt lebt, kommt es auf eine gewisse *Reaktionsgeschwindigkeit* an, die man üben kann.

Der schnellste Weg, schlagfertig zu werden, besteht darin, sich eine gewisse Zahl von *Standardkontern* zurechtzulegen, die Sie in Situationen anwenden können, in denen Sie früher häufig sprachlos waren.

Legen Sie sich deshalb ein Repertoire von Repliken zurecht, auf die Sie jederzeit zurückgreifen können, wenn Sie Gefahr laufen, von einer Verbalattacke überrumpelt zu werden oder kurzfristig sprachlos sind, z. B.:

- „Kannst du auch so gut einstecken wie austeilen?"
- „Wissen Sie, was eine Projektion ist? Ich helfe Ihnen: Projektion bedeutet, eigene Schwachstellen auf andere zu übertragen."
- „Schließen Sie nicht von sich auf andere!"
- „Ich passe mich nur meiner Umgebung an."
- „Ihre Phrasen sind alt. Wie wär's mit neuen Inhalten?"
- „Ich finde das ganz toll von dir, dass du dich so um mich sorgst."
- „Ich war vier, als ich diesen Blödsinn das letzte Mal gehört habe."
- „Darüber rede ich nur mit meinem Anwalt"

Auf die Frage des Angreifers: *„Warum guckst du so blöd?"* könnten Sie z. B. kontern: *„Ich kann nicht anders, ich habe mich dir schon zu sehr angepasst!"* Das wäre eine Retourkutsche, die sitzt, weil sie unerwartet ist und die Aggression wie ein Bumerang auf den Angreifer zurückfallen lässt. Wetten, dass dem Angreifer die Kinnlade herunterrutscht? Eleganter ist allerdings folgende Strategie: Den Mobber mit seinen eigenen Waffen schlagen, d. h. die Situation und sein Verhalten einfach ins Lächerliche zu ziehen, wobei ein gewisses Maß an Selbstironie nicht fehlen sollte, z. B.: *„Das ist einfach meine persönliche Strategie, mit der ich sehr viel Erfolg habe, weil ich damit den Beschützerinstinkt auslöse."* Das Wichtigste dabei ist, dem Angreifer möglichst wenig Angriffsfläche zu bieten.

Sich spontan mit Retourkutschen zu wehren, lässt sich trainieren, und wenn der Spruch auch nicht besonders geistreich sein mag, ist das wichtigste Signal dabei, dass Sie sich nichts gefallen lassen. Der Angreifer muss begreifen, dass Sie gewappnet sind. Dann verliert er in der Regel ganz schnell das Interesse daran, Sie verbal zu mobben.

Das Repertoire Ihrer Möglichkeiten ist damit aber längst noch nicht ausgeschöpft. Sie können z. B. versuchen, so zu tun, als hätten Sie das Gesagte akustisch nicht verstanden. Dadurch, dass Sie den Angreifer dazu zwingen, seine Frage zu wiederholen, gewinnen Sie Zeit, um sich zu überlegen, wie Sie reagieren wollen. Darüber hinaus können Sie aber auch *absichtlich missverstehen*, z. B.:

Angreifer: *„Ich gebe Ihnen einen gut gemeinten Rat ..."*
Gemobbter: *„Ich brauche kein Rad, ich fahre mit dem Bus."*
Auch bei Beschimpfungen sind beabsichtigte Missverständnisse sehr wirkungsvoll:
Angreifer: *„Schlappschwanz!"*
Gemobbter: *„Müller"* (Nennen Sie hier Ihren eigenen Namen und tun Sie so, als ob Sie die Situation so verstehen, dass der andere sich Ihnen vorstellt.).
Wenn Sie merken, dass der Mobber Gegenwehr von Ihnen erwartet, dann verwirren Sie ihn mit *übertriebener Zustimmung*:

Angreifer: *„Sie wissen wohl immer alles besser!"*
Gemobbter: *„Stimmt, ich gehe ja auch abends noch zum Studium Generale."*

Wirkungsvoll, um den Angreifer in die Defensive zu bringen, ist auch der *versteckte Gegenangriff.* Unterstellen Sie Ihrem Angreifer etwas und lassen Sie ihn in schlechtem Licht erscheinen – aber in eleganter Form, als kleines Lob getarnt. Beispiel:

Angreifer: *„Ihr Friseur ist wohl in Urlaub?"*
Gemobbter: *„Ja, deshalb musste ich zu Ihrem!"*

Sehr wirkungsvoll ist auch die Methode der Gegenfrage, mit der Sie Zeit gewinnen und den *„Schwarzen Peter"* zurückgeben können. Ein Beispiel:

Angreifer: *„Ihr Vorschlag ist völlig abwegig."*
Gemobbter: *„Und welchen Vorschlag haben Sie?"*

Jede Aussage kann aus unterschiedlichen Blickwinkeln betrachtet werden. Niemand zwingt Sie, die Deutung Ihres Gesprächspartners zu erahnen oder gar zu übernehmen. Deuten Sie die Aussage des Angreifers um oder beziehen Sie den Angriff Ihres Gegenübers ganz einfach auf die angreifende Person:

Angreifer: *„Wo haben Sie denn Ihr Examen gewonnen?"*
Gemobbter: *„Wieso wollen Sie das wissen, brauchen Sie eines?"*

Die meisten von uns kennen diese Situationen. Ein dummer Spruch eines Kollegen mitten im Abteilungsmeeting auf Ihre Kosten – alle lachen, nur Sie nicht. Mit Witz und Ironie schlagfertig kontern könnte hier die richtige Methode sein, um es mit dem Herausforderer aufzunehmen. Es ist der Kampf mit dem geistigen Florett. Wer diese Methode beherrscht, fühlt sich in Gesprächssituationen souveräner, sicherer und kann sympathisch überzeugen und seinen Standpunkt vertreten. Humor ist auch bei der Gegenwehr immer noch die Königsdisziplin. Mit Schlagfertigkeit und einer Prise Sprachwitz entschärfen Sie jede Situation. Angemessen und schnell reagiert, ernten Sie Bewunderung für Ihre schnelle Auffassungsgabe und Kreativität. Es stärkt Ihr Selbstbewusstsein!

Lady Astor: *„Wenn ich Ihre Frau wäre, würde ich Ihnen Gift in den Kaffee schütten."*
　　Winston Churchill: *„Wenn ich Ihr Mann wäre, würde ich ihn trinken."*

Und noch eine Sache ist wichtig, wenn es darum geht, anderen verbal Einhalt zu gebieten: Ein frecher Spruch allein reicht nicht, die Körperhaltung muss dazu passen. Ansonsten entlarvt man nur seine eigene Unsicherheit und macht sich selbst erst recht zur tragischen Figur. Tabu sind alle Gesten, die Unsicherheit oder Nervosität bekunden, wie unsicheres Kratzen am Kopf und ein hilfloses Rudern mit den Armen. Egal wie man sich präsentiert: Wer mit Schlagfertigkeit kontert, spielt mit hohem Einsatz und riskiert eine Menge, denn wenn der Einwurf nicht sitzt, ist man blamiert, und auch wer überzieht und den Bogen überspannt, läuft Gefahr, dass sich die anderen Anwesenden auf die Seite des Angreifers schlagen.

2.3. Das Gespräch mit dem Vorgesetzten und dem Betriebsrat

Führen die eigenen Aktivitäten, den Mobbingprozess zu beenden, nicht zum Erfolg, steht es Ihnen offen, sich an die Führungsebene des Betriebes zu wenden, also vor allem an den direkten Vorgesetzten und den Betriebsrat. So hätte Stefanie (s. S. 85: „Die Rolle der Sympathisanten oder Verbündeten") statt zur Toilette zu flüchten die Möglichkeit gehabt, jene verletzenden Zettel dem Abteilungsleiter zu übergeben und ihn zu bitten, zu intervenieren.

Bei einem entsprechenden Gespräch mit dem Vorgesetzten ist es wirksam, auf Spannungen in der Abteilung hinzuweisen. Sie müssen ja keine Namen nennen oder die Schuld auf die anderen schieben. Sie können es locker einfließen lassen oder auch um Rat zu konkreten Fragestellungen bitten. Es ist die Aufgabe und Verantwortung Ihrer Vorgesetzten, sich darum zu kümmern, dass Sie als Mitarbeiter Ihren Job machen können. Leider sind viele Vorgesetzte mit solchen Problemen überfordert. Verlassen Sie sich deshalb nicht unbedingt darauf, von dort Unterstützung zu bekommen, aber einen Versuch ist es wert. Hierzu ein Beispiel:

Annika, 26:
„Ich war von Natur aus eine lebensbejahende Frohnatur und deshalb überall sehr beliebt. Nach meiner Lehre bekam ich gleich einen unbefristeten Arbeitsvertrag in einer großen Firma. Ich wurde von der Chefsekretärin persönlich eingearbeitet. Trotz des großen Altersunterschiedes verstanden wir uns wirklich gut. Der Chef war sehr zufrieden mit meinen Leistungen.

Er lobte oft meine Umsicht, meinen Ehrgeiz und meinen Teamgeist. Ich fühlte mich sehr wohl in der Firma und ging voll in meiner Arbeit auf.

Doch eines Tages wendete sich das Blatt. Die Wirtschaftskrise machte sich auch bei uns bemerkbar. Plötzlich musste an allen Ecken und Enden gespart werden. Es wurde gemunkelt, dass Mitarbeiter entlassen werden sollten. Aus dem Gerücht wurde bittere Realität.

Auch die langjährige Chefsekretärin bangte um ihren Arbeitsplatz. Argwöhnisch beobachtete sie mich, vielleicht deshalb, weil ich stets in den höchsten Tönen gelobt wurde. Das weckte die Eifersucht der Sekretärin, für die ich immer mehr eine ernste Bedrohung darstellte. Sie ahnte, dass ihr Job auf dem Spiel stand, nachdem weitere Entlassungen folgten.

Systematisch versuchte sie, mich auszustechen. Sie reichte wichtige Dokumente an den Chef nicht weiter, die ich sorgfältig zusammengestellt hatte. Sie manipulierte meine fehlerfreie Geschäftspost, bevor sie diese zur Unterschrift vorlegte, und streute böse Gerüchte in der Firma, dass ich scharf auf den Chef wäre. Als ich dieses Gerücht gesteckt bekam, suchte ich die Aussprache mit ihr, doch sie bestritt alles energisch. Seitdem intrigierte sie getarnt weiter gegen mich. Der Chef war sehr erbost, denn die Fehler in meinen Geschäftsbriefen häuften sich. Ich versuchte, ihm begreiflich zu machen, dass seine Sekretärin meine Arbeit vorsätzlich sabotierte. Doch der ließ nichts auf seine langjährige Angestellte kommen. Er glaubte mir kein Wort.

Es begann ein wahrer Spießrutenlauf: Sobald ich die Chefetage betrat, wurde getuschelt. Hinter meinem Rücken wurden haarsträubende Geschichten über mich erzählt. In meiner Not *vertraute ich mich einer anderen jungen Kollegin an. Diese heuchelte jedoch nur Mitleid und lief kurz darauf zum Chef, um ihm zu erzählen, dass ich seine Chefsekretärin schlechtmache. Er zitierte mich sofort zu sich und legte mir nahe, die Ränkespiele umgehend zu unterlassen. Verzweifelt versuchte ich, ihm klar zu machen, dass ich das Opfer war, das gemobbt wurde. Doch er maßregelte mich abermals und drohte mir, mich umgehend zu entlassen, wenn ich weitere Verleumdungen aussprechen würde.*

Ich versuchte, tapfer durchzuhalten, doch allein schon der Gedanke an die nächste Intrige machte mich krank. Ich litt unter Schlaf- und Konzentrationsstörungen und unter Zwangsgedanken, die ich allein nicht stoppen konnte. Ich begab mich in eine psychosomatische Klinik."

In diesem Fall ist der Versuch, sich Hilfe vom Vorgesetzten zu holen, gescheitert. Es ist eben oft schwer, überzeugend klar zu machen, wer Opfer und wer Täter ist. Viele Vorgesetzte sind darüber hinaus konfliktscheu und schlagen sich nicht selten auf die Seite derjenigen, die schon lange im Betrieb arbeiten und entsprechende Seilschaften zur Unterstützung haben.

Wenn das Gespräch mit dem Vorgesetzten nicht den gewünschten Erfolg hat, kann sich der Gemobbte an den *Betriebsrat* wenden, denn Mobbing ist auch ein arbeitsrechtliches Problem: Der Arbeitgeber hat gegenüber seinen Arbeitnehmern eine Fürsorgepflicht (s. S. 128: „Die Fürsorgepflicht des Arbeitgebers"), die ihn verpflichtet, das Persönlichkeitsrecht des Arbeitnehmers vor Verletzungen durch Mitarbeiter oder Dritte zu schützen.

Da der Betriebsrat für die Belange der einzelnen Mitarbeiter zuständig ist, sollte er auch bei Mobbingproblemen eine wertvolle Unterstützung sein. Er vermittelt zwischen Arbeitnehmer und Arbeitgeber. Wenn er eine Beschwerde entgegennimmt, setzt er sich mit dem Arbeitgeber in Verbindung und versucht, gemeinsam mit diesem eine Lösung zu finden. Der Betriebsrat wird im Falle von Mobbing in der Regel alles versuchen, dem Betroffenen zu helfen.

So kann er sich etwa als Vermittler zwischen Mobbingopfer und Mobbingtäter anbieten. Die Aufgabe des Betriebsrats ist es nicht, Partei zu ergreifen oder seine Wertung der Dinge darzustellen. Er sollte durch eine Vermittlung erreichen, dass ein sachliches Gespräch geführt wird und die Streitpunkte offen auf den Tisch gelegt werden. Am Ende sollte eine einvernehmliche Regelung stehen, wie mit dem Konflikt weiter umgegangen wird.

2.4. Außerbetriebliche Hilfen

Wenn das direkte Gespräch mit dem Mobber zu nichts führt und auch Vorgesetzter und Betriebsrat zu keiner Lösung beitragen, dann sollte nach externer Mobbinghilfe gesucht werden. Ein Mobbingprozess kann von den Betroffenen eigentlich nur im frühen Stadium gestoppt werden. Ist er erst einmal angelaufen, wird ein Einschreiten immer schwieriger.

Die meisten Mobbingopfer finden leider nur selten allein einen Ausweg aus dem Kreislauf von Angriff, Verunsicherung, Hilflosigkeit und erneutem Angriff. Sie müssen erkennen, dass sie dem Problem allein nicht gewachsen sind und dass sie Unterstützung brauchen. Denn gerade dann, wenn man gemobbt wird, braucht man einen guten, verständnisvollen Gesprächspartner. Wichtig ist es, sich nicht in die *Isolation* treiben zu lassen. Der Betroffene ist dann kaum noch zur Selbsthilfe in der Lage. Jetzt wird die Hilfe von außen immer wichtiger. Alleine auf sich gestellt, hat er kaum eine Chance.

Externe Mobbinghilfe bereitet im Idealfall den Weg von passiver Hilflosigkeit über geeignete Lösungsvorschläge zu aktiven Bewältigungsstrategien. An erster Stelle steht hier die *psychologische* Hilfe. Dazu gehört die Unterstützung durch Kollegen und Freunde, der Besuch einschlägiger Seminare, Selbsthilfegruppen und schließlich die professionelle Hilfe durch Therapeuten.

Unterstützung durch Kollegen und Freunde

Das Wichtigste für ein Mobbingopfer ist es, das Gefühl zu haben, im Kampf gegen Mobbing nicht allein zu sein. Durch Kontakte mit anderen kann das Mobbingopfer *emotionale und moralische Unterstützung* erfahren. Vielen Mobbingopfern hilft es schon sehr, sich jemandem anzuvertrauen. Andere empfinden es als große Hilfe, wenn sie ein wohlwollendes Feedback bekommen und wissen, welche Handlungen in ihrer Situation falsch sind und was sie in Zukunft vermeiden sollten.

Die meisten Mobbingopfer versuchen zuerst, mit ihrem *Partner* oder *ihren Freunden* über ihre Probleme zu reden. Man erhofft sich dadurch Entlastung und moralischen Rückhalt. Die Erfahrung aber lehrt, dass Menschen, die einem Mobbingopfer nahestehen, es zwar gut meinen, oft aber aus Unwissenheit nicht richtig helfen können und mit Unverständnis reagieren. Es kann sogar passieren, dass sie sich unter Umständen von dem Betroffenen zurückziehen, weil sie sich überfordert fühlen und die „ständigen Mobbinggeschichten" nicht mehr hören können. Dabei wäre für die Opfer gerade dann soziale Unterstützung wichtig, denn sie stehen unter großem Druck, sind stark verunsichert und verändern sich in ihrer Persönlichkeit.

Hilfreich ist es darüber hinaus, sich Unterstützung bei *Kollegen* zu suchen, die sich nicht an den Schikanen beteiligen. Möglicherweise werden diese sich aus Angst, selbst zum Opfer zu werden, nicht offen hinter Sie stellen. Doch allein die Gewissheit, dass Sie stille Verbündete oder zumindest moralische Unterstützung haben, lässt Sie ruhiger werden. Freunden Sie sich mit einigen Kollegen an, am besten sogar mit denen, die ebenfalls von Mobbingaktivitäten betroffen sind. Gemeinsam sind Sie stark! Das hebelt zwar den Mobbingprozess nicht aus, führt aber erst einmal aus der zermürbenden Isolation heraus – und außerdem schwächt es den Aggressor, denn der ist immer nur so stark, wie es das Umfeld zulässt. Vertraute und Mitwisser zu haben, ist auch deshalb so wichtig, weil ein ehrliches Feedback die Eigenwahrnehmung unterstützt oder auch korrigiert. Denn viele Mobbingopfer sind oft so verunsichert, dass sie irgendwann ihrer eigenen Wahrnehmung nicht mehr trauen. Eine weitere Möglichkeit, Stresssituationen besser zu überstehen, besteht darin, sich mit anderen Betroffenen in entsprechenden Foren im Internet anonym auszutauschen. Eines dieser Foren ist das Mobbing-Forum von www.arbeits-abc.de.

Selbsthilfegruppen

In Selbsthilfegruppen, in denen sich Betroffene austauschen können, kann man emotionale und moralische Unterstützung finden und auf diese Weise sein Selbstbewusstsein stabilisieren. Man trifft sich – je nach Gruppe – alle ein bis zwei Wochen. Das Ziel der Zusammenkünfte besteht darin, sich gegenseitig zu unterstützen.

Die Gruppe ist ein Ort der Geborgenheit, an dem man sich berät und hilft. Von denen, die Mobbingprobleme erfolgreich überwunden haben, können neue Gruppenmitglieder lernen. Ohne Unterstützung ist die Suche nach Antworten und Lösungen oft quälend und mühevoll. In Mobbingselbsthilfegruppen finden Mobbingopfer Empathie (Anteil nehmendes Verständnis), Erfahrungen werden ausgetauscht und gemeinsam werden Wege aus der Konfliktsituation erarbeitet. Es werden Kontakte zu anderen Einrichtungen und kompetenten Ansprechpartnern bei Fragen des Schriftverkehrs, des Arbeitsrechts und des Sozialversicherungsrechts vermittelt. Zudem werden die Mitglieder einer Selbsthilfegruppe in ihrer persönlichen Lebenssituation unterstützt.

Lara, 31:

„Mir wurde in einer Mobbingselbsthilfegruppe geraten, Öffentlichkeit zu schaffen, indem man die ‚mobbende‘ Person vor einem ‚Zeugen‘ (Kollege, Chef, Freund, Bekannter) offen auffordert, die entsprechenden Handlungen zu unterlassen, z. B.: ‚Ich fordere Sie hiermit auf, die spitzen Bemerkungen zu unterlassen.‘ Ich habe das auch ausprobiert und eine Kollegin vor unserem Abteilungsleiter so in ihre Schranken ver-

wiesen. Daraufhin spielte die Mobberin das total ahnungslose Unschuldslamm. Trotzdem war es richtig, die Angreiferin, die bisher immer subtil vorgegangen war, bloßzustellen und ihr bisher verdecktes Verhalten zu offenbaren."

Seminare und Kurse zum Thema Mobbing und Kommunikationsverhalten können helfen, das eigene Selbstbewusstsein und das Durchsetzungsvermögen zu stärken. Auch externe Ansprechpartner wie Online-Foren, psychologische Beratungsstellen, Krankenkassen, Arbeitsagenturen, Gewerkschaften und die Ausbildungsberatung der IHK/HWK bieten Hilfe an. Scheuen Sie sich nicht, Mobbingberatungsstellen oder Selbsthilfegruppen in Anspruch zu nehmen (Adressen finden Sie im Anhang).

Professionelle psychologische Hilfe

Leiden Menschen über einen langen Zeitraum unter Mobbingattacken, können ausgeprägte psychosomatische (also von der Seele auf den Körper durchschlagende) Beschwerden zu chronischen Erkrankungen und Zusammenbrüchen führen. Panikattacken, Traumata oder Depressionen mit zwanghaftem Verhalten können auftreten und zur sozialen Isolation und zum sozialen Abstieg führen. Spätestens dann ist zur Stabilisierung und Stärkung der psychischen Widerstandskraft professionelle psychologische bzw. psychotherapeutische Unterstützung angezeigt. Mit ihrer Hilfe können Mobbingopfer Strategien erlernen, mit dem durch Mobbing verursachten Stress besser umzugehen (Adressen von Spezial-Kliniken für Mobbing finden Sie im Anhang).

Juristische Hilfen

Mobbing ist kein Kavaliersdelikt, sondern eine Persön-
lichkeitsverletzung, und erfüllt als Körperverletzung einen Straftatbestand. Hilft die Beschwerde bei Vorgesetzten oder dem Betriebsrat nichts, besteht die Möglichkeit,
sich juristische Unterstützung zu holen, z. B. in Form einer Unterlassungsklage.

Problematisch ist jedoch immer der konkrete Nachweis
des Mobbings, da die Mobber versuchen, ihre Handlungen zu verschleiern. Im Falle eines Strafverfahrens werden
viele Mobber daher nicht verurteilt und können danach
ungestört mit dem Psychoterror fortfahren. Juristische
Schritte über den Klageweg sind zwar möglich, aber selbst
nach Einschätzung von Richtern an Arbeitsgerichten
nicht sehr aussichtsreich:[37] Mobbingopfer kämen nur in
seltenen Fällen durch eine Klage zu ihrem Recht, zumal
die Beweislast beim Mobbingopfer liege. Es müsse nachweisen, dass sein Persönlichkeitsrecht und seine Würde
verletzt worden seien – und zwar systematisch. Oft steht
dann Aussage gegen Aussage. Deshalb ist ein Nachweis
über ein *Mobbingtagebuch* wichtig.

Mobbing kann zur fristlosen (außerordentlichen) Kündigung des Mobbers führen. Man muss jedoch bedenken,
dass Zeugen aus Angst, selbst Mobbingopfer zu werden,
oft nicht bereit sind, vor Gericht auszusagen, insbesondere dann, wenn diese in einem Abhängigkeitsverhältnis
zum Mobber stehen.

Eine weitere Problematik, juristische Hilfe zu suchen,
liegt auf der Hand: Kein Arbeitgeber sieht es gern, wenn
sich seine Arbeitnehmer untereinander mit juristischen

Mitteln angreifen. Er sieht den Betrieb – oder die Abteilung – als Ganzes und fordert ein gutes oder zumindest
ungestörtes „Betriebsklima" (s. S. 31: „Mobbingfolgen
für den Betrieb"). Wenn der Mitarbeiter schon den Arbeitgeber selbst nicht hat überzeugen können, dass er gemobbt wurde, dann ist die Anstrengung eines Prozesses
ein klarer Grund, den Mitarbeiter loszuwerden, also ihm
zu kündigen. Damit steht das Mobbingopfer nur noch
vor der Frage, ob es die Kündigung abwarten oder selbst
kündigen soll. (Allgemeine Informationen, Hilfestellun-
gen oder Adressen von Therapeuten und Rechtsanwälten
erhält man über das Mobbingtelefon; s. auch Adressen im
Anhang.)

2.5. Der letzte Ausweg – die Kündigung

Mobbing am Arbeitsplatz kann im schlimmsten Falle den
eigenen Job kosten. Eine Kündigung ist für viele „Gemobbte" meist der letzte Weg aus dieser ausweglosen Situation.

Gregor, 48:
*„Ich arbeitete von 1998 bis 2001 als junger Dipl. Ingenieur
in einem Softwareunternehmen, das in Spitzenzeiten 33 Mitarbeiter beschäftigte. In dieser Firma entschied der Geschäfts-
führer und Gründer nicht allein, sondern bezog seinen Netz-
werkadministrator und einen Systemprogrammierer, beide
Mitarbeiter der ersten Stunde, in sämtliche Prozesse mit ein.
Sie biederten sich beim Chef an, lästerten über Kollegen und
hielten wichtige Arbeitsmittel zurück. Um ihr Herrschaftswis-
sen zu sichern, verhinderten sie, dass ihre Kollegen Schulungen*

besuchen durften. Obwohl sich die Kollegen beim Geschäfts-
führer beschwerten, ließ dieser die beiden gewähren und kümmerte sich nicht um die Probleme im Team.

Eigentlich fühlte ich mich von Anfang an in der Firma
unwohl, denn es zeigte sich schon im Vorstellungsgespräch
die Diskrepanz zwischen der gepriesenen Teamarbeit im Unternehmen und dem Verhalten des Chefs, der gegenüber seiner Sekretärin einen rüden Ton anschlug. Das Problem ist,
dass viele nicht ihrem Instinkt vertrauen, sondern zu gern
an die Versprechungen glauben möchten. So war es auch bei
mir. Als es später dann zu Konflikten mit den Vertrauten
des Chefs kam und ich von ihnen gemobbt wurde, versuchte
ich, beim Chef Unterstützung zu finden. Ich ließ mich von
seinem Versprechen blenden, ich könne in Zukunft einen klar
abgegrenzten Kundenkreis alleinverantwortlich betreuen und
müsse nicht mehr mit seinen beiden Vertrauten zusammenarbeiten.

Aber es kam völlig anders. Ich hatte bei einem Kunden einen
größeren Auftrag übernommen. Als Projektleiter hatte ich
sechs Programmierer zu führen. Das Projekt war auf ein drei-
viertel Jahr terminiert. Wir schrieben Anwendungsprogramme,
testeten sie mit Testdatenbeständen, passten sie wiederum an
usw. Irgendwann kam mir zu Ohren, dass einer der Vertrauten
meines Chefs, der bereits früher diesen Kunden betreut hatte
und bei diesem einen ‚Stein im Brett‘ hatte, regelmäßig mit
dem Direktor auf der Kundenseite sprach und sich über den
Fortgang des Projektes informierte. Solange alles nach Plan
lief, störte mich das auch nicht. Aber als wir einen Monat vor
dem geplanten Projektende in die heiße Phase der Tests ka-
men und der Stress zunahm, weil immer wieder neue Fehler

zu bereinigen waren, bekam der Kunde kalte Füße und forderte von unserem Unternehmen, endlich qualifizierte Berater zu schicken. Am nächsten Tag stand der Vertraute meines Chefs auf der Matte, um mich zu ,unterstützen'. Die sich zuspitzende Situation, mein Autoritätsverlust beim Kunden und das verlorene Vertrauen gegenüber meinem Chef wurden für mich unerträglich. Ich bekam eine chronische Magenschleimhautentzündung und habe schließlich gekündigt.''

Das Beispiel von Gregor findet man in der Praxis der IT-Branche nicht selten. Ungewöhnlich ist allerdings Gregors konsequentes Verhalten, sich durch Kündigung dem Mobbing zu entziehen. Besonders *Männer* neigen dazu, vorenthaltene Arbeitsmittel, verweigerte Weiterbildung oder systematische Überforderung nicht als Mobbing zu interpretieren. Gemobbte Männer nehmen kaum Beratungsstellen in Anspruch, sondern verleugnen und verdrängen ihre belastende Arbeitssituation oft so lange, bis sie unter einem Burnout oder einer Depression leiden. Sie wollen auf keinen Fall als nicht belastbares „Weichei" gelten. Viele Männer haben eine ganz bestimmte Einstellung zu ihrem Beruf: *„Da muss ich durch."* Besonders Männer sind darauf programmiert, sich den Herausforderungen ihres Berufes bedingungslos zu stellen.[38]

Die meisten gemobbten Arbeitnehmerinnen reagieren zuerst mit *„innerer Kündigung"*, sie machen *„Dienst nach Vorschrift"*. Sie reagieren mit Resignation und innerem Rückzug, werden oft auch misstrauisch und aggressiv. Die Situation erscheint ausweglos, jeder neue Arbeitstag wird zur Qual. Und irgendwann geht gar nichts mehr:

Die Betroffenen werden krank. Die Leiden können von Magen-Darm-Problemen über Depressionen und Migräne bis zu Angstzuständen reichen. In extremen Fällen wird die Lage vom Opfer als so ausweglos eingeschätzt, dass es eine Lösung nur noch im Suizid sieht.[39]

Mobbing hat aber nicht nur für die Persönlichkeit des Opfers weitreichende Folgen. Mobbing verursacht auch für das Unternehmen einen nicht zu unterschätzenden wirtschaftlichen Schaden, insbesondere wegen der zunehmenden Fehlzeiten von Mobbingopfern (s. S. 31: „Mobbingfolgen für den Betrieb").

Wenn die Lage ausweglos erscheint und auch Kompromisse nicht fruchten, muss eine Kündigung in Betracht gezogen werden. Im Allgemeinen schwindet auf beiden Seiten, d. h. auf der Seite des Arbeitgebers und auf der Seite des Arbeitnehmers, die Bereitschaft, das Arbeitsverhältnis aufrechtzuerhalten. Dann stellt sich die Frage der Kündigungsform.

Folgende Formen der Kündigung sind möglich:

Durch einen *Aufhebungsvertrag* wird ein Arbeitsverhältnis einvernehmlich beendet. Darüber hinaus werden in dem Aufhebungsvertrag oft auch weitere Modalitäten geregelt, die im Zusammenhang mit der Beendigung des Arbeitsverhältnisses stehen. Der zweiseitige Aufhebungsvertrag unterscheidet sich von der Kündigung als einseitige Beendigung eines Vertragsverhältnisses. Der Abschluss eines Aufhebungsvertrages berechtigt nicht zum Bezug von Arbeitslosengeld.

Die Beendigung des Arbeitsvertrages durch eine *Eigenkündigung* führt in der Regel dazu, dass die Bundesagentur für Arbeit über den Arbeitnehmer eine sogenannte Sperrzeit verhängt. Während der Sperrzeit wird kein Arbeitslosengeld bezahlt. Diese kann bis zu 12 Wochen betragen. Der Grund für die Anordnung einer Sperrzeit ist, dass der Arbeitnehmer durch die Eigenkündigung sein Arbeitsverhältnis von sich aus beendet hat und somit willentlich in die Arbeitslosigkeit geraten ist.

In besonderen Ausnahmefällen hat ein Arbeitnehmer auch nach einer Eigenkündigung Anspruch auf Arbeitslosengeld ohne eine Sperrzeit. Eine solche Ausnahme liegt dann vor, wenn der Arbeitnehmer unfreiwillig in die Eigenkündigung „getrieben" wurde.[40] Ein Beispiel: Ein Arbeitnehmer wird seit Monaten von seinen Kollegen auf das Schwerste gemobbt und drangsaliert. Er wird psychisch krank und geht zum Arzt, der bei ihm eine Depression feststellt, die auf Mobbing am Arbeitsplatz zurückgeht. Daraufhin kündigt der Arbeitnehmer das Arbeitsverhältnis (Eigenkündigung).

In diesem Fall wird gegen den Arbeitnehmer in der Regel seitens der Arbeitsagentur keine Sperrzeit verhängt, weil seine Eigenkündigung so etwas wie eine *Abwehrmaßnahme* war, eine Art „Notwehr". Die Notsituation war in diesem Beispiel durch die erhebliche Gefährdung der Gesundheit am Arbeitsplatz begründet. In diese „Notlage" kam der Arbeitnehmer jedoch unfreiwillig, nämlich durch das gemeine Verhalten der Kollegen. Damit war auch die Eigenkündigung unfreiwillig: Der Arbeitnehmer hatte im Grunde keine andere Wahl.

Sowohl der Arbeitgeber als auch der Arbeitnehmer können außerordentlich kündigen. Eine *fristlose Kündigung* (außerordentliche Kündigung) beendet das Arbeitsverhältnis ohne Einhaltung einer Frist. Eine *fristlose Kün-*

digung vonseiten des Arbeitnehmers ist denkbar, wenn es ihm nicht möglich oder zumutbar ist, bis zum Ablauf der Kündigungsfrist im Betrieb zu arbeiten. Dieser Fall kann vorliegen, wenn der Mitarbeiter durch Mobbing nachweisbar geschädigt wurde. In diesem Fall hat er sofort Anspruch auf Sozialleistungen. Eine *fristlose Kündigung* vonseiten des Arbeitgebers ist an juristische Voraussetzungen gebunden. Ob diese im Falle eines gemobbten Mitarbeiters gegeben sind, muss im Einzelfall geklärt werden. Von dieser Klärung hängt ab, ob der Gekündigte Anspruch auf Sozialleistungen hat.

Viele Mobbingbetroffene halten auf Biegen und Brechen durch, um ihren Besitzstand zu retten. Sie schauen angstvoll auf das, was sie bei einer Kündigung verlieren, statt auf das, was sie gewinnen können, z. B. Gesundheit, Ehre, Menschenwürde und psychisches Überleben! Der letzte Schritt, die Kündigung, kann nur demjenigen gelingen, der seine Angst überwindet, keinen adäquaten Job mehr zu finden. Sicherlich gehört Mut dazu, den Arbeitsplatz zu kündigen. Aber dieser Schritt kann auch die Gelegenheit zu einem Neubeginn sein, mit dem der Mut am Ende belohnt wird. Gregor hat es richtig gemacht, selbst zu kündigen, weil er die Erfahrung gemacht hat, sich auf die Zusage seines Chefs nicht verlassen zu können.

3. Prävention

Mobbing in einer Abteilung, in einem Betrieb ist wie eine Infektion. Das beste Mittel dagegen ist die Vorbeugung. Es stellt sich die Frage, was man tun kann, um Mobbing überhaupt nicht erst entstehen zu lassen.

3.1. Was der Arbeitnehmer tun kann

Der Aufbau einer positiven Selbsteinschätzung

Seit der Antike machen sich die Menschen ihre Gedanken über ihr Selbst. Nicht ohne Grund stand am Apollotempel, in dem nach der griechischen Mythologie das Orakel von Delphi weissagte, der berühmte Satz: *„Erkenne dich selbst!"* Er hat auch heute, genauso wie im 5. Jh. v. Chr., als wichtige und für unser Leben bedeutungsvolle Aufforderung seine absolute Gültigkeit.

Das *Selbstbild* wird aber nicht nur geprägt von dem, was wir selbst über uns denken. Auch das, was andere über uns denken, beeinflusst es. Probleme mit ihrem Selbstbild bekommen Menschen nur dann, wenn die Eigenwahrnehmung stark abweicht von der Außenwahrnehmung. Ein altes afrikanisches Sprichwort besagt: *„Wenn ein Zebra sich für einen Löwen hält, ist es auch bald kein Zebra mehr!"* Zur Überlebensstrategie am Arbeitsplatz gehört eine *realistische Selbsteinschätzung*.

Leider stimmt unser Selbstbild nur selten mit der Außenwahrnehmung überein. Wir halten uns vielleicht für hilfsbereit, während andere uns für egoistisch halten. Wir halten uns vielleicht für einen guten Zuhörer, während andere uns für Selbstdarsteller halten, die andere nicht zu Wort kommen lassen. Ein verzerrtes Selbstbild und eine daraus resultierende falsche Selbsteinschätzung kann die Ursache zahlreicher Probleme sein: für eine mangelhafte Einsicht in eigenes Fehlverhalten, für die Haltung, Schuld sei immer der andere, für mangelhafte Kommunikationsfähigkeit und für Selbsttäuschung. Menschen mit einer realistischen Selbsteinschätzung können dagegen ihre Frustrationen zulassen und verbalisieren. Sie müssen nichts „schönreden" und sich selbst und andere anlügen.

Unser Selbstbild entscheidet über unser Selbstwertgefühl. Haben wir ein positives Selbstbild, dann haben wir auch ein positives Selbstwertgefühl. Umgekehrt führt ein negatives Selbstbild zu Minderwertigkeitsgefühlen. Wenn man sich für einen Versager hält, dann kann man nicht selbstsicher auftreten. Solche Menschen haben Hemmungen und möglicherweise auch seelische Probleme wie Depressionen und Ängste.

Gott sei Dank sind unser Selbstbild und damit unser Selbstwertgefühl veränderbar. Wir können lernen, uns mit anderen Augen zu sehen, und so unser Selbstbild verbessern und stärken. Ein negatives Selbstbild kann in ein positives verwandelt werden, wenn wir am Aufbau einer gesunden Selbstachtung arbeiten, wenn wir lernen, an unseren eigenen Wert und unsere Fähigkeiten zu glauben. Denn wenn unser Selbstbild intakt ist, dann prallen alle Nadelstiche, alle negativen Bemerkungen unserer

Umwelt an uns ab, und wir sind nicht mehr verletzlich. In dem Maße, in dem wir unser Selbstbild positiv verändern, wird sich auch unser Leben positiv verändern, und das ist die beste Prävention, um Mobbing vorzubeugen.

Was aber ist ein angemessenes Selbstbild? Zunächst einmal sollte man sich von der Vorstellung lösen, das Selbstbild sei etwas Statisches, und wer einmal von sich in dieser oder anderer Weise überzeugt ist, sei für immer und ewig festgelegt. Wahr ist: *Die Arbeit am Selbstbild ist ein lebenslanger Prozess!*

Ein positives Selbstbildnis ist eine Voraussetzung, sich vor Mobbing am Arbeitsplatz zu schützen. Denn erst mit einem starken Selbstbewusstsein sind Sie in der Lage, *Grenzen zu setzen*, die vor Übergriffen schützen und verhindern, ein *Spielball* der anderen zu sein. Sie haben den Mut, bei Unverschämtheiten und Grenzüberschreitungen einzugreifen, Konfliktgespräche mit dem Mobber zu führen oder das Gespräch mit dem Betriebsrat und dem Vorgesetzten zu suchen. Es gilt, Ohnmachtsgefühle zu überwinden und zermürbendes Grübeln über die Boshaftigkeit der Täter zu stoppen, denn das verschleißt nur Kräfte, die Mobbingbetroffene dafür brauchen, sich aktiv zur Wehr zu setzen.

Umarmen Sie Ihren Gegner!

Bevor man irgendetwas von Mitarbeitern oder Kollegen erwartet, sollte man sich bewusst machen, dass es sich um Menschen handelt, denen man zufällig begegnet und die in den seltensten Fällen Freunde sind. Das ergibt sich schon aus der Konkurrenzsituation, der man ausgesetzt ist. Es handelt sich um *Zwangskontakte*, bei denen es oft passiert, dass man mit jemandem zusammenarbeiten muss, den man alles andere als sympathisch findet.

Am Arbeitsplatz findet sich eine große Bandbreite verschiedener Charaktere, auf die man sich täglich einstellen und mit denen man umgehen muss. Normalerweise einigt man sich auf den kleinsten Nenner der persönlichen Kommunikation, da man als Zweckgemeinschaft bestimmte Betriebsziele erreichen soll und muss. Wie geht man aber mit einem Kollegen um, der einem ständig schaden will, also dem (potentiellen) Mobbingtäter?

Ein Ansatz ist es, diesen Menschen quasi durch Umarmung an seiner Aggression zu hindern. Voraussetzung dafür ist, die Ursachen seiner Antipathie zu verstehen und selbst eine starke Persönlichkeit zu besitzen. Meine Erfahrung ist, dass, je höher die eigene *soziale Kompetenz* ist, es umso besser gelingen kann, mit schwierigen Mitarbeitern umzugehen. Aber auch Lebensweisheit, Lebenserfahrung und heitere Gelassenheit sind hilfreich. Wer sich die Mühe macht, schwierige Menschen zu verstehen, wird erkennen, dass diese immer *bedürftig* sind: Es fehlt ihnen etwas, meist Selbstbewusstsein, Anerkennung oder Akzeptanz.

Folgende Möglichkeiten sehe ich, mit solch schwierigen Zeitgenossen umzugehen:

1. Achten Sie die Würde des anderen! Schwierige Menschen sind oft zutiefst verunsicherte Menschen. Geben Sie ihnen die Möglichkeit, ihr Gesicht zu wahren. Das bedeutet, auf ihre Würde zu achten und ihnen den Rückzug zu ermöglichen.

2. Vermeiden Sie negatives Denken! Verwenden Sie eine empathische Sprache, z. B. *„Das kann ich verstehen"*, *„Das ist ein wichtiger Punkt für Sie"*, *„Lassen Sie uns nach einer gemeinsamen Lösung suchen"* usw. Drücken Sie sich positiv aus und vermeiden Sie negative Formulierungen wie etwa *„Das geht nicht, weil ..."*, *„Das haben wir aber immer so gemacht"*. Verbannen Sie Verallgemeinerungen vollkommen aus Ihrem Sprachgebrauch. Vermeiden Sie Reizwörter, von denen Sie schon wissen, dass sie den anderen verärgern.

3. Formulieren Sie klar und deutlich, was Ihnen wichtig ist. Riskieren Sie, nicht gemocht zu werden. Davor fürchten sich die meisten Menschen und sind dadurch leicht erpressbar.

Über einen professionellen Umgang in schwierigen menschlichen Situationen zu verfügen, macht souverän, stark, frei und selbstbewusst.

3.2. Die Verantwortung des Arbeitgebers

Die Fürsorgepflicht des Arbeitgebers

Die Rechtsprechung des Bundesarbeitsgerichts verpflichtet den Arbeitgeber, auf das Persönlichkeitsrecht, die Gesundheit und die berechtigten Interessen des Arbeitnehmers Rücksicht zu nehmen. Eine Missachtung dieser als *Fürsorgepflicht* bezeichneten Arbeitgeberpflichten bei Mobbing kann zu *Schadensersatzansprüchen* und anderen Rechtsansprüchen des Mobbingopfers führen. Ein Arbeitgeber, der nichts gegen Mobbing unternimmt, kann sich allein durch das Unterlassen schadensersatzpflichtig machen.

Ein Beispiel: Die Klägerin arbeitete von Oktober 1999 bis Februar 2001 als Sachbearbeiterin in einer Behörde des Bundeslandes Sachsen. Während dieser Zeit war sie laut Zeugenaussagen ständigen Schikanen, Diskriminierungen und Anfeindungen ausgesetzt. Sie musste Hilfsarbeiten verrichten und erleben, dass ihre Arbeit mutwillig behindert wurde. Durch das permanente Mobbing musste sich die Mutter zweier Kinder in psychotherapeutische Behandlung begeben und war nicht mehr in der Lage zu arbeiten. Auch nach einem längeren Klinikaufenthalt war sie noch immer auf psychotherapeutische Behandlung und Medikamente angewiesen. Zudem war ihre berufliche Karriere ruiniert.

Vor Gericht forderte die Frau nun Schmerzensgeld und Schadensersatz von ihrem Vorgesetzen sowie vom Freistaat Sachsen, der ihr trotz des öffentlichen Mobbings nicht geholfen hatte. Die Richter am Arbeitsgericht Dresden gaben der Klage der Angestellten statt. Da der Freistaat als Arbeitgeber nichts unternommen habe, um das Mobbing gegen die Mitarbeiterin zu unterbinden, müsse er für die Folgen aufkommen. Der Freistaat Sachsen muss der Klägerin daher sowohl Schmerzensgeld wegen der Verletzung ihrer Persönlichkeitsrechte als auch Schadensersatz für künftige finanzielle Einbußen zahlen, da die Karriere der Frau ruiniert ist.[41]

Ein anderes Beispiel mit gleichem Ausgang: Das Verhältnis einer als Pflegedienstleiterin beschäftigten Angestellten zu ihrem Vorgesetzten war über lange Zeit von Konflikten geprägt. Der Mann schikanierte und demütig-

te die Mitarbeiterin systematisch, indem er ihre Entschei-
dungen ungefragt rückgängig machte, sie nicht anhör-
te, unbegründete Hausverbote aussprach und allgemein
herabwürdigend über Frauen sprach. Er versuchte so
über Jahre, die Frau zur Aufgabe ihres Arbeitsplatzes zu
bewegen. Diese macht nun Schadensersatz und Schmerzensgeld geltend. Sie sei durch das Verhalten ihres Vorgesetzten in ihrem Persönlichkeitsrecht verletzt worden.
Das Arbeitsgericht Cottbus sprach ihr Schmerzensgeld in
Höhe von 30.000 Euro zu. Außerdem sind alle weiteren
auf diesen Vorfällen beruhenden, eventuell später auftre-
tende Gesundheits-, Vermögens- und sonstige Schäden
zu ersetzen.

Das Gericht sah es als erwiesen an, dass der Vorgesetzte
die Frau mobbte und ein anhaltend schikanöses und dis-
kriminierendes Verhalten vorlag. Dadurch sollte die Mitarbeiterin zur Aufgabe ihres Arbeitsplatzes bewegt werden. Der Arbeitgeber muss sich hier das Verhalten seines
leitenden Angestellten zurechnen lassen. Er hat dessen
Schikanen nicht verhindert und damit seine Fürsorgepflicht verletzt. Deshalb haften sie gemeinsam.[42]

Obwohl genügend Grundsatzurteile zum Schadensersatz bei Mobbing vorliegen, fehlt es in der Praxis häufig
noch an klaren Worten von Vorgesetzten, die deutlich
machen, dass Mobbing in ihrem Betrieb nicht geduldet
wird. Seltsam mutet es auch an, dass, obwohl Mobbing
zunimmt, das Problem in Führungsetagen häufig noch
als individuelles Problem bewertet wird, das die Kontra-
henten möglichst untereinander lösen sollen.

Aufgrund ihrer Fürsorgepflicht müssen sich Arbeitgeber schützend vor das Mobbingopfer stellen. Gleichzeitig

sollten gegen Mobber geeignete Maßnahmen zur Unterbindung weiterer Mobbinghandlungen erfolgen. Arbeitgeber, die auf Prävention, Aufklärung und frühes Eingreifen setzen, bewirken damit, dass Entwicklungen rechtzeitig gebremst werden und nicht eskalieren können.

Mobber sollten wissen, dass Mobbing eine Straftat ist. Außerdem sollte ein Arbeitgeber deutlich machen, dass Mobbingopfer mit der vollen Unterstützung rechnen können und dass Mobber im Betrieb nicht geduldet sind.

Oft hilft es, Konfliktparteien zu „befrieden", indem der Vorgesetzte Engagement zeigt, indem er ein Mobbingproblem zur „Chefsache" macht. Dann weiß der Mobbingtäter, dass er beobachtet wird und dass der Chef destruktives, den Betrieb schädigendes Verhalten nicht duldet. Wenn es dem Mobbingopfer zuzumuten ist, könnte der Chef versuchen, über ein Vermittlungsgespräch mit dem Täter den betrieblichen Frieden wiederherzustellen. Der Betriebsrat oder eine andere neutrale Person sollte unbedingt hinzugezogen werden. Am Ende dieses Gesprächs sollte eine *verbindliche Vereinbarung* stehen, die schriftlich fixiert und von allen Beteiligten unterschrieben wird.

Mobbingschutz als Teil der Firmenphilosophie

Über die Wichtigkeit, Mobbing aus dem Betrieb zu verbannen, ist bereits im Kapitel „Folgen des Mobbings" (s. S. 23) ausführlich berichtet worden. Zusammenfassend lässt sich feststellen, dass es gerade in Zeiten der Globalisierung und des drohenden Fachkräftemangels immer wichtiger wird, Motivationsverlust, innere Kündigung, arbeitsbedingte Erkrankungen und Mobbing zu verhüten und zu bekämpfen. Denn nur seelisch (und körperlich) gesunde Mitarbeiterinnen und Mitarbeiter sind zuverlässig, erbringen hochwertige Arbeitsleistungen und haben neue Ideen.

Damit Mobbing erst gar nicht entstehen kann, ist es wichtig, Mitarbeitern ein Wertebewusstsein zu vermitteln und unmissverständlich klarzumachen, dass Mobbing in ihrem Betrieb nicht toleriert wird und dass Vorgesetzte persönlich eingreifen werden, sobald ihnen ein Mobbingfall zur Kenntnis gelangt. Hierzu reicht es nicht, wenn man unter den Mitarbeitern ein sogenanntes „Wir"-Gefühl erzeugt mit dem Ziel, dass diese sich – möglichst noch zusammen mit den eigenen Angehörigen – mit der Firma identifizieren, nach dem Motto: „Wir sind alle eine große Familie", „wir Opelaner", „wir Kruppianer", „wir IBMer" usw. Dieses „Wir"-Gefühl kommt leider schnell an seine Grenzen, wenn es um einen Mobbing-Konflikt zwischen einem Einzelnen und seiner Gruppe oder Abteilung geht. Deshalb findet man in modernen Großbetrieben zusätzlich einen schriftlich fixierten, verbindlichen Verhaltenskodex, der einen fairen Wettbewerb und ein möglichst friedliches Zusammenwirken der Mitarbeiter garantieren soll.

Der Grat zwischen normaler Konkurrenz und Mobbing ist oft schmal. Im Job geht es um mehr als Sympathie: Man kämpft um Karrierechancen, knappe Budgets, fachliche Anerkennung und nicht zuletzt um den Arbeitsplatz selbst. Zwei der wichtigsten Grundsätze für ein friedliches Zusammenwirken im Betrieb sind die Akzeptanz von Kritik der Mitarbeiter und das Prinzip der „Offenen Tür".

– Die Akzeptanz von Kritik der Mitarbeiter

Die Voraussetzung für ein gutes, offenes Betriebs- und Arbeitsklima besteht darin, Fehler nicht als Katastrophen einzustufen, Kritik offen und konstruktiv zu äußern, Beschäftigte als Menschen zu sehen und wertschätzend zu behandeln.

In manchen Firmen gibt es die Einrichtung des „Mecker- oder Kummerkastens". Mitarbeiter, die sich beschweren wollen und sich aus bestimmten Gründen damit nicht an den Vorgesetzten wenden wollen, können im Meckerkasten *anonym* ihre Anliegen vorbringen. Damit das funktioniert, muss natürlich auf der Empfangsseite eine entsprechende Stabsstelle vorhanden sein, die die Beschwerden prüft und gegebenenfalls mit Lösungsvorschlägen an das Management/die Personalführung weiterleitet.

In den Geschäftsgrundsätzen der Firma IBM ist diese Einrichtung unter dem Namen „Offen-Gesagt-Programm" umgesetzt: Über E-Mail, normale Post, Fax oder Telefon kann man sich auf Wunsch anonym an eine entsprechende Stelle wenden.[43]

– Das Prinzip der „Offenen Tür"

Dieses Prinzip ist nicht eindeutig definiert und wird daher auch nicht einheitlich angewendet. Nach einer engen Interpretation erlaubt es dem Mitarbeiter, jederzeit ein Vieraugengespräch mit seinem direkten Vorgesetzten über ein Problem zu führen, solange die „Tür zum Chefzimmer offen steht". Eine extensivere Interpretation des Prinzips der „Offenen Tür" ermöglicht es dem Mitarbeiter, auch den nächsthöheren Vorgesetzten zu sprechen, wenn er mit seinem direkten Vorgesetzten ein Problem nicht lösen konnte. So heißt es in den Grundsätzen der Firma IBM: Das Programm der „Offenen Tür" bietet *„Ihnen einen direkten Zugang zur Geschäftsführung und die Möglichkeit, Ihre Bedenken auf Wunsch anonym zu melden."* [44] Ich bezweifle allerdings, ob es viele Mitarbeiter über die zweite Hierarchiestufe hinaus schaffen, ihre Kritik vorzubringen.

In beiden Ausprägungen dieses Prinzips, also enger oder weiter, wird deutlich, dass der Mitarbeiter nicht als Untergebener, sondern als Mensch behandelt werden soll, wohlwollend und gerecht. Wer Mitarbeiter respektlos behandelt, hat von Menschenführung und Motivation nichts begriffen. Wertschätzung bringt ein Vorgesetzter seinem Mitarbeiter dadurch entgegen, dass er ihn und seine Probleme ernst nimmt.

Durch den Vorgesetzten, auch wenn er noch so bereitwillig ist, können aber nicht alle Mobbingkonflikte gelöst werden. Zudem scheuen es viele Mitarbeiter, sich mit ihrem Mobbingproblem an den Vorgesetzten zu wenden.

Für diese Fälle sind in manchen Betrieben *Mobbing-Konflikt-Anlaufstellen* eingerichtet. Hier findet der Mitarbeiter vertrauenswürdige und kompetente Ansprechpartner.

Nun nützen alle schriftlich fixierten Regeln für den fairen Umgang im Unternehmen nichts, wenn nicht nach

ihnen gelebt wird. Es bleibt daher die Verantwortung der
Leitenden für *Aufklärungsarbeit* und *prophylaktische Be-
wusstseinsarbeit* im Betrieb zu sorgen. Ein Beispiel für eine
in dieser Richtung wirkende *Betriebsvereinbarung* schildert

Bettina, 41:
*„Ich arbeite für eine große Versicherung, die das Thema Mob-
bing aufgegriffen hat und mit dem Betriebsrat eine Betriebsvereinbarung getroffen hat, die allein für sich schon als prophylaktische Maßnahme wirkt, weil sie eine abschreckende
Wirkung auf potenzielle Täter hat. Ich beobachte Folgendes:
Wenn alle wissen, dass im Betrieb schädigendes Verhalten beobachtet und gegebenenfalls sogar sanktioniert wird, überlegt
sich ein Mobber seine Taten sehr genau.“*

Bezüglich der Verantwortung des Arbeitgebers bleibt
festzustellen: Das oberste Ziel des betrieblichen Personal-
Managements besteht darin, das Engagement und die Ar-
beitsleistung der Mitarbeiter zu fördern und zu erhalten,
innerer Kündigung und Mobbing vorzubeugen und das
gegenseitige Vertrauen und die Identifikation mit der Arbeit und dem Betrieb zu stärken.

Konkrete Maßnahmen

Es stellt sich die Frage, was der Arbeitgeber noch konkret
tun kann, um Mobbing vorzubeugen. Zunächst muss
von der Unternehmensführung die Gefahr von Mob-
bingkonflikten ernst genommen werden. Für das Risiko
von Mobbing gibt es Indizien, z. B.: der Krankenstand

und die Personalfluktuation, die Zunahme kurzfristiger Arbeitsunfähigkeiten, Fehlerhäufung, Verschlechterung der Arbeitsleistungen, abfällige Bemerkungen über Kollegen, das Meiden sozialer betrieblicher Aktivitäten (Betriebsausflug), auffällig lautstarke Auseinandersetzungen im Kollegenkreis, Häufung von Umsetzungs- und Versetzungswünschen.

Diese Alarmzeichen bedeuten für sich allein nicht zwangsläufig, dass es sich um Mobbing handelt. Sie machen jedoch aufmerksam auf ein Arbeitsklima, in dem sich Mobbingaktivitäten gut entwickeln können.

Das Führungspersonal sollte derartige Hinweise als Warnung sehen und zum Anlass nehmen, Ursachenforschung zu betreiben: Um sich über betriebliche Schwachstellen, Arbeitsprobleme, Sozialbeziehungen und Führungsverhalten zu informieren und um Meinungen und Verbesserungsvorschläge der Mitarbeiter und Mitarbeiterinnen einzuholen, bieten sich *anonyme Mitarbeiterbefragungen* an. Diese Befragungen sollten gemeinsam mit der Vertretung der Beschäftigten und interessierten Arbeitnehmern und Arbeitnehmerinnen (vorzugsweise im Rahmen einer Organisationsentwicklung) sorgfältig geplant werden. Derartige Befragungen können Mobbingstrukturen aufdecken und Grundlage wirksamer Gegenmaßnahmen sein.

Welche Maßnahmen ergriffen werden sollten, hängt sicher vom Einzelfall ab. Auf zwei grundsätzliche Optionen möchte ich jedoch hinweisen: Die erste Option stellt sich im Zusammenhang mit einer Beförderung, die zweite Option betrifft die Personalförderung durch Supervision und Coaching.

– Eine Frage der Beförderung

In größeren Firmen wie auch in staatlichen Organisationen hat man die Erfahrung gemacht, dass es besser ist, einen frisch beförderten Mitarbeiter nicht seinen ehemaligen Kollegen „vorzusetzen", sondern besser einer anderen Gruppe oder Abteilung (*„Der Prophet im eigenen Land gilt nichts!"*). Im folgenden Beispiel geht es um die Beförderung zum Schulleiter:

Wenn Schulleiter aus ihrem bisherigen Kollegium für die Leitungsposition rekrutiert werden, haben sie es nach ihrer „Inthronisierung" mit *demselben* Kollegium zu tun, dem sie bis dahin angehörten. Nun aber haben sie die Seiten gewechselt, sind plötzlich Chef und sollen Führungsqualitäten beweisen. Zudem haben sie es mit einem oder mehreren Mitbewerbern zu tun, die in ihrem Bemühen, Schulleiter zu werden, gescheitert sind.

Wenn Chefs, die aus dem Kollegenkreis die begehrte Schulleiterposition besetzt haben, nicht in der Lage sind, ihre ehemaligen Konkurrenten konstruktiv einzubinden, schaffen sie sich Widersacher. Aber selbst wenn keine Mitbewerber vorhanden waren, können Konflikte entstehen, denn jetzt muss der neue Schulleiter als „Aufsteiger" einen erheblichen Rollenwechsel vollziehen. Jetzt ist er Agent der Schulbürokratie, weil er den ordnungsgemäßen Ablauf der gesamten Organisation Schule zu verantworten hat. Aus diesem Positionswechsel können sich Missverständnisse und Meinungsverschiedenheiten mit den ehemaligen Kollegen ergeben. Aus den unterschiedlichen Hierarchieebenen ergeben sich Interessenkonflikte, die Mobbing fördern können.

In Fällen, in denen sich der Schulleiter vom Kollegium möglicherweise immer mehr zurückzieht, wird er auch von diesem zunehmend isoliert. Und schon kommt ein Mobbingprozess in Gang mit Merkmalen wie der Streuung von Gerüchten oder der Verweigerung wichtiger Informationen (s. S. 74: „Der Vorgesetzte als Mobbingopfer").

Zur Vermeidung solcher Komplikationen ist man – so habe ich es während meiner 27-jährigen Dienstzeit beobachten können – dazu übergegangen, Schulleiter nur noch aus fremden Schulen und Städten zu rekrutieren. Durch einen derartigen „Seiteneinstieg" hofft man, Konflikten vorzubeugen. Aber auch ein Seiteneinsteiger hat es nicht leicht: Im Gegensatz zum Aufsteiger, der durch seine längerfristige Zugehörigkeit zum Kollegium über alle Interna der Schule informiert ist und sich in der Regel eine – zumindest kleine – „Hausmacht" aufgebaut hat, kommt der Seiteneinsteiger mit „leeren Händen". Er kennt weder die Dynamik im Kollegium, also wer von den Kollegen bei Konflikten im Hintergrund mäßigend oder eskalierend agiert, noch weiß er, welche Normen und Standards als „heimliche Spielregeln" bisher in der Schule etabliert wurden. Aber gerade, weil er nicht vorbelastet ist durch die bisherige Praxis und vorhandene „Seilschaften" in der Schule, kann er nach der Devise *neue Besen kehren gut* neue Wege beschreiten. Für seinen Erfolg ist letztlich seine Persönlichkeit entscheidend. Eine weitere konkrete Maßnahme der Betriebsführung, um Mobbing vorzubeugen, ist die Personalförderung durch Supervision und Coaching.

– Supervision und Coaching

Supervisionen und Coachings stärken die soziale Kompetenz von Mitarbeitern und Führungskräften und tragen so zur Mobbingprävention entscheidend bei.

(A) Führungskräfte qualifizieren: Führungskräfte haben Vorbildfunktion und das Führungsverhalten ist entscheidend für das Betriebsklima. Um diesen Aufgaben gewachsen zu sein, bedarf es gezielter Schulungen. Trainings in Konfliktbewältigung, Sozialintegration und Kommunikation sind geeignete Instrumente, um Konflikteskalationen und Mobbingentwicklungen zu unterbinden. Insbesondere sollten Leitungskräfte der unteren und mittleren Ebenen unbedingt mit einbezogen werden, denn sie sind es, die in erster Linie mit Unzufriedenheit und Spannungen konfrontiert werden. So wie ein negatives Führungsvorbild das Risiko von Mobbing erhöht, so reduziert es sich bei vorbildlichem Führungsverhalten.

(B) Team- und Konfliktfähigkeit der Beschäftigten trainieren: Um die Zusammenarbeit zu verbessern, reicht die Schulung von Führungskräften nicht aus. Auch die Mitarbeiter sollten in ihrer Kommunikations- und Kritikfähigkeit wie auch in ihrer Bereitschaft zu Kooperation und Konfliktregelung unterstützt werden. „Investitionen" in die kommunikativen und stressbewältigenden Ressourcen der Mitarbeiter verhindern nicht nur Mobbingstrukturen, sie steigern auch die Motivation und Arbeitszufriedenheit.

Jürgen, 65:

„Ich kann mich erinnern, ich wurde einmal von meiner Firma mit ca. 30 ausgesuchten Mitarbeitern und Managern zu einem einwöchigen Kurs geschickt. Das war kein gewöhnlicher Kurs, wo es ums Fachwissen geht. Es ging um Kommunikation, Psychologie und so was ... Klar, dass wir alle etwas skeptisch waren. Aber immerhin erwartete uns eine exzellente Küche in einer Nobel-Herberge im Bergischen Land. Begrüßt wurden wir von zwei Psychologen. Einer von ihnen würde eigentlich sonst nur im Gefängnis arbeiten, aber dieses Mal wäre er eben für uns engagiert worden. Ja, und dann begannen auch schon die ‚Spiele‘. Gruppen von jeweils sechs Kollegen bekamen Aufgaben, die sie am Flipchart später präsentieren mussten. Wäre das gute Essen nicht gewesen, wären wahrscheinlich die meisten abends wieder nach Hause gefahren.

Im Laufe des Kurses gelang es den beiden Psychologen aber, unseren anfänglichen Widerstand zu brechen. (Nur ein Manager, der wohl meinte, alles zu durchschauen, sperrte sich erfolgreich.) Schon Mitte der Woche gingen wir Kursteilnehmer miteinander wesentlich offener um als in unserer täglichen Arbeitsumgebung. Am Ende der Woche waren die meisten von uns begeistert und fühlten sich wie neugeboren.

Allerdings muss ich sagen, dass diese euphorische Stimmung nach den ersten Tagen zurück in der Arbeitswelt schnell abflachte. Trotzdem meine ich, der Kurs hat etwas gebracht!"

Melanie, 36:

„Ich habe in meinem Job über zwei Jahre hinweg von Kollegen immer wieder viel Bestätigung bekommen für meine Arbeit, auch von meiner Freundin, die gleichzeitig Chefin war. Anfangs lief es

sehr gut in meiner Arbeitsstelle. Ich hatte mit meiner Freundin und Dienststellenleiterin unserer Einrichtung (Altenheim) eine freundschaftliche, vertrauensvolle Beziehung und war in wichtige Entscheidungsprozesse involviert, bis die Freundschaft kippte. Meine Chefin gewährte mir keinen Einblick mehr in wichtige Unterlagen, machte mich vor Kollegen nieder und ignorierte mich komplett. Ungerechtfertigte Beleidigungen und Vorwürfe waren an der Tagesordnung. Ich kam mir vor, als wäre ich nur noch da, um zu funktionieren wie eine Maschine. Ich fiel in ein tiefes Loch, entwickelte Konzentrations- und Schlafstörungen, fühlte mich leer und schlapp und meine Gedanken kreisten nur noch um das Mobbing, dem ich täglich ausgesetzt war. In meiner Not wandte ich mich an den Heimleiter, der Gott sei Dank sehr schnell erkannte, was los war und wie das Problem gelöst werden muss. Er engagierte einen kompetenten Supervisor als Konfliktmanager, der von außen, als Unbeteiligter, einen Blick auf die kollegialen Interaktionen warf und nach einer professionellen Analyse Schlichtungsvorschläge machte. Nachdem wir uns mehrheitlich für eine Lösung entschieden hatten, fertigte er einen Vertrag an, den alle als ‚Grundgesetz des fairen Umgangs miteinander' unterzeichnen mussten. Ich wurde auf eine andere Station versetzt und abgesehen von kleineren Rangeleien, die zu jedem Arbeitsalltag dazugehören, lief nach der Supervision alles bestens. Regelmäßig kümmerte sich der Heimleiter um das Betriebsklima und zweimal jährlich kam der Supervisor, um unsere Konfliktfähigkeit zu coachen. Darüber hinaus richtete der Heimleiter einen anonymen ‚Meckerkasten' als Frustabladestelle ein. Damit war er immer über alles informiert."

Melanies Chef hat erkannt, dass Konflikte etwas ganz Alltägliches sind und dass sie Arbeitnehmern auch im Arbeitsalltag täglich in Variation begegnen. Viele sind sogar notwendig, und die meisten lösen Mitarbeiter auch untereinander ohne größere Schwierigkeiten. Manche allerdings erweisen sich als hartnäckig – sie tauchen immer wieder auf oder belasten und blockieren alle Beteiligten über lange Zeit. Melanies Chef hat auch gesehen, dass es in den meisten Mobbingfällen nicht um den Konflikt selbst geht, sondern dass der Konflikt nur ein „Aufhänger" ist, an dem Animositäten durch Interessenkonflikte, Defizite und Gefühle (z. B. Neid, Rivalität, Konkurrenz) sichtbar werden.

Die meisten Menschen verfügen nicht über die sozialen Kompetenzen, einen solchen Mobbingprozess nachhaltig zu klären, denn sie haben nur wenige Reaktionsmuster gelernt: Sie ignorieren Konflikte, weichen ihnen aus oder gehen zum Angriff über nach dem Motto „Auge um Auge, Zahn um Zahn". Da das aber keine konstruktive Methode ist und sich so die Fronten im Umgang miteinander nur verhärten, hat Melanies Chef die Konfliktlösung delegiert und in kompetente Hände gegeben, um nachhaltige Lösungen zu bekommen und dadurch seine Mitarbeiter zu behalten. Er weiß, dass die Energien, die durch Konflikte und Mobbing abgezogen werden, nicht mehr für die Arbeit zur Verfügung stehen. Er bedient gleichzeitig die Interessen seiner Mitarbeiter (Fürsorgepflicht) und seine eigenen, nämlich die Arbeitskraft seiner Mitarbeiter zu erhalten. Er zeigt darüber hinaus aber auch, dass das Betriebsklima für ihn Chefsache ist und dass jeder Vorfall im „Meckerkasten" landen kann, sobald irgendein Klärungsbedarf besteht.

EXKURS: CYBER-MOBBING

Eine besondere Spielart der indirekten oder verdeckten Aggression ist das sogenannte *Cyber-Mobbing*. Eine repräsentative Studie der Universität Münster zusammen mit der Techniker Krankenkasse kam 2011 zu dem Ergebnis, dass mittlerweile mehr als 36 Prozent der Jugendlichen und jungen Erwachsenen schon einmal Opfer von Cyber-Mobbing geworden sind. 21 Prozent der Befragten konnten sich vorstellen, auch als Täter im Internet aufzutreten.[45]

Anonym bedient sich der Mobbingtäter sozialer Netzwerke wie StudiVZ, SchülerVZ, Twitter, Xing, YouTube oder Facebook, um andere zu beleidigen, lächerlich zu machen oder sogar massiv zu bedrohen und zu erpressen. Das Opfer wird öffentlich an den Pranger gestellt, vorgeführt, diskriminiert, bloßgestellt, gedemütigt und verleumdet. Durch diskriminierende Texte, Bilder oder Videos auf Webseiten wird es öffentlich zur Schau gestellt, beleidigt und meist unter der Gürtellinie angegriffen.

Die Methode ist denkbar einfach: Es wird ein kompromittierendes Foto oder Video – nicht selten manipuliert – z. B. bei Facebook hochgeladen und so der Öffentlichkeit zugänglich gemacht. Die Anonymität des Internets setzt die Hemmschwelle herab, denn im Gegensatz zu den anderen Formen des Mobbings sind Einsatz und Risiko gering. Das verführt selbst schwache Persönlichkeiten dazu, auf diese Weise zu mobben.

Seinen Ursprung hat Cyber-Mobbing in der Schule. Für Lehrer ist die Schule der Arbeitsplatz, für Schüler ein Ort, dem sie aufgrund der Schulpflicht nicht entgehen kön-

nen. Es gibt genügend Beispiele dafür, dass Lehrer von
Schülern gemobbt wurden oder Schüler Mitschüler gemobbt haben:

Christopher ist fassungslos. In seiner Klasse wird über
Handy ein Foto verschickt, das ihn in einer peinlichen
Situation zeigt. Nur wer genau hinsieht, entdeckt, dass
das Foto eine Montage ist. Jemand hat Christophers Kopf
auf ein Porno-Bild montiert. Wenn Christopher über den
Schulhof geht, gellen ihm das Kichern und die anzügli-
chen Bemerkungen von Mitschülern in den Ohren. Am
liebsten würde er die Schule wechseln, weil er den Psychostress nicht mehr aushält.

Cyber-Mobbing beginnt mit Beleidigungen und Verleumdungen im Internet und endet nicht selten damit,
dass private Bilder oder Videos anderer ungefragt im Netz
landen. Wie ein Schüler im Internet gemobbt wird und
daran zerbricht, zeigte die ARD in dem Drama *„Homevideo"*[46]. Es geht um den fünfzehnjährigen Jakob, der Opfer
eines Verbrechens wird, an dem viele teilhaben – manche schuldlos, manche durch Nichthandeln, einige durch
zielbewusste Böswilligkeit.

In dem Film gerät Jakob arglos in einen Teufelskreis,
den selbst seine Eltern und ein junges Mädchen, dem er
sich gerade vorsichtig angenähert hatte, nicht mehr stoppen können. Das ganze Drama beginnt, als Jakobs Mutter
dessen Videokamera ohne sein Wissen an vermeintliche
Freunde verleiht – auf der Speicherkarte befindet sich ein
selbstgedrehter Film, der ihn beim Onanieren zeigt. Es
dauert nicht lange, bis Jakobs Video im Internet für jeden
sichtbar erscheint. Für den sensiblen Schüler wird sein Leben zum Spießrutenlauf, der im Suizid endet.

Opfer von Cyber-Mobbing sind aber nicht nur Schüler, sondern auch Lehrer, deren Existenz dadurch leicht vernichtet werden kann. Mehrfach wurden Lehrer bereits im Unterricht oder auf Klassenfahrten mit der Handykamera gefilmt und besonders peinliche Situationen ins Netz gestellt. Die Biologielehrerin Beatrix D. etwa entdeckte manipulierte Fotos von einer Klassenfahrt auf einem Onlineportal und stand dem machtlos gegenüber, weil sie nicht wusste (geschweige denn nachweisen konnte), wer sie hier öffentlich lächerlich machen wollte. Immer wieder gibt es auch Fälle, in denen sich Schüler mit manipulierten Porno-Videos via YouTube an ihren Lehrern rächen, weil sie sich von ihnen ungerecht behandelt fühlen.

Ein besonders spektakulärer Fall stammt aus Schottland: Während ein Lehrer etwas an die Tafel schreibt, zieht ihm ein Schüler blitzschnell die Hose herunter. Ein anderer filmt die Szene mit dem Handy. Nur Stunden später ist der Film auf YouTube zu sehen. Dieser eklatante Vorfall sorgte vor einigen Jahren für weltweites Aufsehen.

Gemobbt wird im Internet auch mit gefälschten Facebook-Accounts, die Schüler für ihre Lehrer einrichten und wo sie peinliche Fotos und Kommentare hinterlassen. Auch YouTube-Videos, Blog-Einträge, eigens eingerichtete Websites oder Lehrerbewertungsportale wie z.B. *ratemyteacher.com* werden für Herabsetzungen und Beschimpfungen genutzt.

Besonders gern wird bei Facebook gemobbt. Es gibt Facebook-Gruppen, die sich speziell dem Verspotten und Beleidigen von Lehrern widmen. Auf einer dieser Seiten etwa wird eine Lehrerin unter Nennung ihres Namens und ihrer Schule bezichtigt, eine *„verdammt beschissene*

Deutschlehrerin" zu sein. Weitere Facebook-Nutzer pflichten dem Urteil in hämischen Kommentaren bei. In Verruf geraten ist auch die Internetseite *isharegossip.com*, die jedem User absolute Anonymität zusichert.

Cyber-Mobbing gibt es aber nicht nur im Schulbereich. Es ist zunehmend auch im wirtschaftlichen Umfeld zu beobachten:

Emily, 34:

„Ich arbeite für eine Steuer- und Wirtschaftsprüfungsgesellschaft mit insgesamt zwölf Mitarbeitern. Mit meinen Kolleginnen und Kollegen hatte ich bis zu meiner Beförderung ein gutes Einvernehmen. Ich hatte bei unserem Chef einen ‚Stein im Brett' und konnte besonders gut mit ihm umgehen. Der lobte mich vermutlich zu offensichtlich, sodass sich die anderen zurückgesetzt fühlten. Irgendwann wurde ich von ihm völlig überraschend zum Gespräch gebeten. Irgendjemand hatte ihm anonym ‚gesteckt', dass ich nicht die sei, für die er mich halte, und dass er sich im Internet über mich informieren könne. Bei der Besprechung zeigte er mir, dass bei Facebook ein Foto von mir in Umlauf war, das mich als leichtes Partygirl in entsprechender Aufmachung zeigte. Ich selbst hatte keine Ahnung, wer so etwas macht, und vor allem, wie so etwas überhaupt möglich ist. Bei näherem Hinsehen wurde mir klar, dass es sich um eine Montage handeln muss, die mich diskreditieren sollte. Ich war fassungslos und sagte meinem Chef, dass er mich doch schon lange genug kenne, um beurteilen zu können, dass das eine Verleumdung sei.

Nicht nur, dass meine Intimsphäre und mein Persönlichkeitsrecht verletzt wurden, die Sache hatte auch am Arbeitsplatz Folgen. Mein Chef war seitdem irgendwie anders zu mir, reservierter und deutlich distanzierter als vor dem Vorfall. Die Cyber-Mobber hatten es geschafft, anonym mein Ansehen und mein Image nachhaltig zu beschädigen."

Die Folgen des Cyber-Mobbings für das Opfer sind verheerend: Im Gegensatz zu den anderen Formen des Mobbings, bei denen das Opfer den „Täter" meist kennt oder zumindest erahnt, bleibt beim Cyber-Mobbing der Täter strikt anonym. Das Opfer weiß nicht, von wem es gemobbt wird.

Anders als bei den direkten Formen des Mobbings, bei dem man sich oft den Belästigungen dadurch entziehen kann, dass man die Situation verlässt (z. B. indem man nach der Arbeit nach Hause geht), ist das beim Cyber-Mobbing nicht möglich, denn Cyber-Mobber können jederzeit über Internet oder Handy angreifen – und das Opfer ist dem jederzeit und überall ausgeliefert.

Anders auch als beim unmittelbaren, direkten Mobbing steht beim Cyber-Mobbing ein extrem großes Publikum zur Verfügung, sodass Bilder, Videos und herablassende und verleumdende Kommentare für jedermann zu sehen sind. Und zwar weltweit. Darüber hinaus kann jeder diese Inhalte ganz einfach kopieren und auf anderen Seiten weiterverbreiten.

Cyber-Mobbing ist eine besonders gefährliche und belastende Form des Mobbings, weil es sich ohne räumliche oder persönliche Grenzen wie ein Virus ausbreitet und Opfer überallhin verfolgt. Freunde und Verwandte, Kollegen, Mitarbeiter, Chefs, Geschäftskontakte und zukünftige Kontakte haben Zugriff auf die Beleidigungen, Peinlichkeiten und Belästigungen, die im Internet verbreitet werden.

Das bedeutet für die Opfer enormen Druck und eine große psychische Belastung. Was erschwerend hinzukommt: Selbst wenn die Mobbingattacken aufhören, befinden sich die hochgeladenen Peinlichkeiten für alle Zeiten im „World Wide Web". Inzwischen gibt es Unternehmen wie z. B. *Reputation Defender*, die unliebsame Daten im Netz löschen und Schutz bieten. Ganz löschen kann man solch belastende Inhalte aber oft nicht mehr, denn es ist durchaus möglich, dass bereits Fotos und Texte auf andere Webseiten kopiert wurden. Solche unvorteilhaften Daten kursieren dann für immer irgendwo im Internet.

Es stellt sich nun die Frage, wie man sich gegen Cyber-Mobbing wehren und diesem vorbeugen kann.

Am besten ist immer noch die Vorbeugung. Vertrauen will verdient sein. Man sollte nicht allzu schnell Menschen, die sich im Internet „Freunde" nennen, vertrauen und nichts Persönliches bei Bewegungen im Internet leichtfertig hinterlassen (persönliche Daten und Darstellungen in schriftlicher und/oder bildlicher Form), um sich nicht angreif- und verletzbar zu machen. Prävention gegen eine Cyberattacke kann bereits darin bestehen, Chaträume mit extremen Inhalten zu meiden, weil sie ein Risikofaktor sein können, selbst angegriffen zu werden. Realität ist heutzutage, dass Personalabteilungen Profile von Bewerbern in sozialen Netzwerken prüfen können. Auch deshalb sind Zurückhaltung und Vorsicht geboten.

Wenn man aber erst Cyber-Mobbingopfer geworden ist, liegt es nahe, zu versuchen, den diskriminierenden *Eintrag im Internet zu löschen*. Voraussetzung ist allerdings, dass sich ein Kontakt zum Betreiber der Plattform herstellen lässt und dass dieser auf das Gesuch eingeht. Problematisch wird es allerdings, wenn dieser im Ausland ansässig ist und deshalb weder deutsches noch europäisches Recht gilt. Bei jedem seriösen Netzwerkanbieter bzw. Seitenbetreiber besteht die Möglichkeit, beleidigende, unseriöse, unethische oder verunglimpfende Seiten, Profile oder Darstellungen zu melden und ihre Löschung zu beantragen.

Ein Beispiel: Hinter einem der beliebtesten Videos auf der Videoplattform *YouTube* steckt eine traurige Geschichte. Ghyslain Raza, ein übergewichtiger Teenager aus Quebec, filmte sich, als er einen Golfschläger wie ein Lichtschwert – wie Darth Maul aus „Star Wars" – wild tanzend um sich schwenkte. Wochen später fand ein Klassenkamerad das Videotape in einem Schulschrank und digitalisierte es. Die digitale Version wurde unter den Schulkameraden herumgemailt, und von da an nahm das Unglück für Ghyslain Raza seinen Lauf – es kam zum bislang schwersten Cyber-Mobbing-Fall. Ein weiterer Schüler erstellte heimlich eine Internetseite mit dem Video und nach kurzer Zeit wurde der Film zu einem Internethit. Die Seiten, auf denen er zu sehen war, wurden bis Ende 2004 über 76 Millionen Mal (!) besucht.

Für Ghyslain Raza bedeutete das, dass er sich nicht mehr öffentlich zeigen konnte ohne als „Star Wars Kid" verhöhnt zu werden. Das Mobbing ging so weit, dass er die Schule wechseln musste. Die gehässigen Reaktionen haben den Jugendlichen lange beschäftigt. Er musste in psychische Behandlung, um die vom Mobbing ausgelösten Depressionen behandeln zu lassen.[47]

Im Gegensatz zu den ausländischen Betreibern haben Anbieter wie StudiVZ oder SchülerVZ mittlerweile eigene Community-Manager eingerichtet, die man kontaktieren kann. Auch das Löschen des Accounts kann eine Möglichkeit sein, unliebsame Daten loszuwerden bzw. keine Angriffsfläche mehr zu bieten: Bei StudiVZ loggt man sich hierzu ein und geht dann auf das Register „Mein Account". Dann ganz herunterscrollen und auf „Meinen Account löschen" tippen. Bei SchülerVZ steht bei *„Mein Acount"* ganz unten *„Account Löschen"*.

Bei Facebook kann man sein Konto endgültig löschen, indem man *„Mitgliedschaft beenden"* tippt: http://www. facebook.com/help/?page=804 Konto deaktivieren Konto – Einstellungen – Konto deaktivieren.

In jedem Fall kann es auch bei Cyber-Mobbing sinnvoll sein, Anzeige zu erstatten und *juristische Hilfen* (Rechtsanwalt, Polizei, Staatsanwaltschaft) in Anspruch zu nehmen. Dafür ist es wichtig, Beweise zu haben. Sammeln Sie deshalb alles über die gegen Sie gerichteten Mobbingattacken und speichern Sie Nachrichten, Online-Gespräche, Bilder und Videos.

Anekdote „Üble Nachrede"

Ein Nachbar hatte über Künzelmann schlecht geredet, und die Gerüchte waren bis zu diesem durchgedrungen. Er stellte den Nachbarn zur Rede. *„Ich werde es bestimmt nicht wieder tun"*, versprach der Nachbar. *„Ich nehme alles zurück, was ich über Sie erzählt habe."*

Künzelmann sah den anderen ernst an. *„Ich habe keinen Grund, Ihnen nicht zu verzeihen"*, erwiderte er. *„Jedoch verlangt jede böse Tat ihre Sühne."*

Künzelmann erhob sich, ging in sein Schlafzimmer und kam mit einem großen Kopfkissen zurück. *„Tragen Sie dieses Kissen in Ihr Haus, das hundert Schritte von meinem entfernt steht"*, sagte er. *„Dann schneiden Sie ein Loch in das Kissen und kommen wieder zurück, indem Sie unterwegs immer eine Feder nach rechts, eine Feder nach links werfen."*

Der Nachbar tat, wie ihm geheißen. Als er wieder vor Künzelmann stand und ihm die leere Kissenhülle überreichte, fragte er: *„Und nun?"* – *„Gehen Sie jetzt wieder den Weg zu Ihrem Haus zurück und sammeln Sie alle Federn wieder ein."*

Der Nachbar stammelte verwirrt: *„Ich kann doch unmöglich all die Federn wieder einsammeln! Ich streute sie wahllos aus, warf eine hierhin und eine dorthin. Inzwischen hat der Wind sie in alle Himmelsrichtungen getragen. Wie könnte ich sie alle wieder einfangen?"*

Künzelmann nickte ernst: *„Das wollte ich hören! Genau so ist es mit der üblen Nachrede und den Verleumdungen. Einmal ausgestreut, laufen sie durch alle Winde, wir wissen nicht wohin. Wie kann man sie also einfach wieder zurücknehmen?"*

(Verfasser unbekannt)

Alle Menschen sind nach der „Allgemeinen Erklärung der Menschenrechte der UN" frei und gleich an Würde und Rechten.[48] Und jeder Mensch hat das Recht auf Leben, Freiheit und Sicherheit der Person (Artikel 3). Auch unsere im Grundgesetz verankerten Grund- und Persönlichkeitsrechte schützen die Würde eines jeden Menschen: *„Die Würde des Menschen ist unantastbar. Sie zu achten und zu schützen ist Verpflichtung aller staatlichen Gewalt. Das deutsche Volk bekennt sich darum zu unverletzlichen und unveräußerlichen Menschenrechten als Grundlage jeder menschlichen Gemeinschaft, des Friedens und der Gerechtigkeit in der Welt"* (Art. 1 I GG).

Mobbing stellt einen Eingriff in das durch das Grundgesetz verfassungsrechtlich geschützte allgemeine Persönlichkeitsrecht dar. Wer mobbt, missachtet daher nicht nur den Gemobbten, sondern auch unser Grundgesetz und die Menschenrechtskonventionen der UN.

Ob religiös geprägt oder nicht – wir alle haben höchstwahrscheinlich von unseren Eltern Werte, Normen und Tabus als moralische Grundausstattung mitbekommen. Viele von uns erinnern sich an prägende Botschaften unserer Eltern, wie z. B.: *„Was du nicht willst, das man dir tu, das füg auch keinem andern zu."* Wer geprägt wurde durch ein positives Menschenbild, während seiner Sozialisation die Fähigkeit erlernte, sich in andere Menschen hineinzuversetzen und Mitgefühl zu empfinden, dem verbietet es sich, anderen seelische Gewalt anzutun und sie zu quälen. Nach wie vor ist das gute Vorbild das beste Mittel gegen Mob-

bing. Wem Werte wichtig sind, wem Respekt, Wahrhaftig-
keit, Achtung, Wertschätzung, Anständigkeit, Verantwortung, Vertrauen wichtig sind, der schafft damit eine Kultur
guten menschlichen Umgangs und beugt Respektlosigkeit,
Missachtung und Mobbing vor.

In vielen Religionen gilt Nächstenliebe als höchstes
Gebot, ganz besonders aber im Christentum. Hielte sich
jeder daran und an die Zehn Gebote, die eine Grundord-
nung des Lebens darstellen und das zwischenmenschli-
che Miteinander regeln, hätte Mobbing keine Chance.

Konkurrenten gehören zum Berufsleben – sie können
eine Herausforderung sein, es sogar interessanter machen
und hervorragende Motivatoren sein. Wichtig bei unterschiedlichen Auffassungen und Interessen sind Wertschätzung, Respekt und Fairness. Eine Studie bringt es an
den Tag: Von Kollegen und vom Chef respektvoll behandelt zu werden, ist Arbeitnehmern wichtiger als (mehr)
Geld und Freizeit. Eckloff und sein Team von der Universität Hamburg führten bundesweit Studien durch. Neben
Fragen zu klassischen Arbeitswerten wie gutem Einkommen, sicherer Stelle und interessanter Tätigkeit fragten
die Wissenschaftler die Testpersonen auch danach, welchen Stellenwert Respekt für sie im Beruf hat. Ergebnis:
Sich am Arbeitsplatz vom Chef respektiert zu fühlen, ist
Menschen wichtiger, als viel Geld zu verdienen.[49]

Die Würde des einzelnen Arbeitnehmers kann nur
dann unantastbar bleiben, wenn wir bei Missachtung
(Mobbing) alle hinsehen, den Mut aufbringen, Stellung
zu beziehen, uns bei Ungerechtigkeiten einmischen und
wenn jeder wieder selbst die Verantwortung für sein Tun
und Lassen übernimmt.

Quellenverzeichnis

1   Unter http://www.berufsinformation.org/mobbing-mobbing-am-arbeitsplatz-definition-von-mobbing (nach dem Stand vom 11.12.2011)

2   Unter www.mobbing-netzwerk-nuernberg.de/definitionen.html (nach dem Stand vom 11.12.2011)

3   Vgl. Hirigoyen, Marie-France (2002), Mobbing – Wenn der Job zur Hölle wird. Seelische Gewalt am Arbeitsplatz und wie man sich dagegen wehrt, München: C.H. Beck Verlag

4   Hirigoyen, Marie-France (^{9}2009), Die Masken der Niedertracht – Seelische Gewalt im Alltag und wie man sich dagegen wehren kann, München: dtv, S. 23ff.

5   Vgl. Döring, Dorothee (2011), Es reicht! Was tun gegen seelische Gewalt, Augsburg: St. Ulrich Verlag

6   Unter http://www.diversitytraining.at/sitemap/fachart/mobbing.htm (nach dem Stand vom 11.12.2011)

7   Unter http://www.uni-giessen.de/Personalrat/mobbing.htm (nach dem Stand vom 11.12.2011)

8   Unter http://www.tagesspiegel.de/berlin/schule/ursula-sarrazin-wehrt-sich/3705624.html (nach dem Stand vom 11.12.2011)

9   Unter http://www.tagesspiegel.de/berlin/wirbel-um-sarrazins-ehefrau/3694344.html (nach dem Stand vom 11.12.2011)

10 Vgl. Döring, Dorothee (^{2}2007), Erste Hilfe bei Kränkungen, Steyr: Ennsthaler Verlag

11 Unter http://www.aerzteblatt.de/v4/archiv/artikel.asp?id=27942 (nach dem Stand vom 11.12.2011)

12 Unter http://www.strategien-gegen-mobbing.de/mobbing-beratung-koeln-nrw-05-Mobbingfolgen.html (nach dem Stand vom 11.12.2011)

13 http://www.inqa.de/Inqa/Navigation/Themen/Mobbing/ wissen,did=224544.html (nach dem Stand vom 11.12.2011)

14 Unter http://www.mathilde-frauenzeitung.de/mh066mob- bing.htm (nach dem Stand vom 11.12.2011)

15 Unter http://www.berufsinformation.org/mobbing-fuenfstu- figes-mobbing-phasenmodell-nach-leymann-1-2 (nach dem Stand vom 11.12.2011)

16 Unter http://www.mobbing.mobbing-web.com/Mobbing-De- finitionen/Heidelberger_Mobbing_Studie/heidelberger_mob- bing_studie.html (nach dem Stand vom 11.12.2011)

17 Unter http://www.mobbing.mobbing-web.com/Mobbing-De- finitionen/Heidelberger_Mobbing_Studie/heidelberger_mob- bing_studie.html (nach dem Stand vom 11.12.2011)

18 Unter http://www.dradio.de/dkultur/sendungen/interview/ 1188780/ (nach dem Stand vom 11.12.2011)

19 Unter http://www.faz.net/thmenarchiv/2.1267/koehler- biograf-langguth-im-gespraech-noch-ein-seiteneinsteiger- waere-das-schlimmste-1995438.html (nach dem Stand vom 11.12.2011)

20 Unter http://www.vpsm.de/apothekenumschau_012001.htm (nach dem Stand vom 11.12.2011)

21 Unter http://de.academic.ru/dic.nsf/dewiki/1176150 (nach dem Stand vom 11.12.2011)

22 Vgl. Reddemann, Luise (52007), Eine Reise von 1.000 Meilen beginnt mit dem ersten Schritt. Seelische Kräfte entwickeln und fördern, Freiburg: Herder

23 Vgl. unter http://www.sueddeutsche.de/wissen/psychologie- das-geheimnis-einer-robusten-seele-1.10179071 (nach dem Stand vom 11.12.2011)

24 Döring, Dorothee, Es reicht! Was tun gegen seelische Gewalt, a.a.O., S. 20

25 Unter http://www.kvportal.de/krankmeldungen-so-niedrig-wie-seit-den-70er-jahren (nach dem Stand vom 11.12.2011)

26 Schön, Carmen (2009), Die geheimen Tricks der Arbeitgeber. Karrierefallen erkennen und selbstbewusst kontern, Frankfurt: Eichborn Verlag

27 Unter http://www.vpsm.de/downloads/BuchMedienEcho.pdf (nach dem Stand vom 11.12.2011)

28 Unter http://www.apotheken-umschau.de/Psychologie/Psychoterror-Attacken-am-Arbeitsplatz-Nach-Umstrukturierung-wird-haeufig-gemobbt-11058.html (nach dem Stand vom 11.12.2011)

29 Leiharbeit undercover, ARD, 27.10.2008

30 Vgl. Breitscheidel, Markus (2008), Arm durch Arbeit. Ein Undercover-Bericht, Berlin: Econ, S. 77ff.

31 Breitscheidel, Arm durch Arbeit, a.a.O., S. 90

32 Breitscheidel, Arm durch Arbeit, a.a.O., S. 91

33 Pourroy, G. A.(1988), Das Prinzip Intrige. Über die gesellschaftliche Funktion eines Übels, Zürich: Edition Interfrom

34 Unter http://www.altenpflegeschueler.de/psychologie-soziologie/mobbing.php (nach dem Stand vom 11.12.2011)

35 Unter http://www.springerlink.com/index/NVB34CMEBM-88CHPD.pdf (nach dem Stand vom 11.12.2011)

36 Döring, Dorothee (2011), Es reicht! Was tun gegen seelische Gewalt, a.a.O.

37 Unter http://de.wikipedia.org/wiki/Mobbing_(Arbeitsrecht) (nach dem Stand vom 11.12.2011)

38 Unter http://www.netdoktor.at/krankheiten/fakta/burnout.shtml (nach dem Stand vom 11.12.2011)

39 Unter http://www.internetratgeber-recht.de/Arbeitsrecht/Mobbing/mobbing_konsequenzen.htm (nach dem Stand vom 11.12.2011)

40 Unter http://www.recht-finanzen.de/contents/arbeitsrecht/ gibt-es-arbeitslosengeld-nach-einer-eigenkuendigung (nach dem Stand vom 11.12.2011)

41 ArbG Dresden, Urteil vom 08.07.2003; Az.: 5 Ca 5954/02. Unter http://www.hsu-hh.de/mobbing/index_FXCjZn4S7DY-7AXkF.html (nach dem Stand vom 11.12.2011)

42 ArbG Cottbus, Urteil vom 8. 12. 2009, Az. 7 Ca 1960/08. Unter http://www.rechtstipps.de/?softlinkID=15423 (nach dem Stand vom 11.12.2011)

43 IBM Geschäftsgrundsätze S. 6 Unter http://www-05.ibm.com/ de/ibm/engagement/governance/pdf/BCG2011nolinks.pdf (nach dem Stand vom 11.12.2011)

44 IBM Geschäftsgrundsätze, a.a.O.

45 Das ARD-Drama „Homevideo", 27.09.2011 (Regisseur Kilian Riedhof, Drehbuch Jan Braren), wurde 2011 mit dem Deutschen Fernsehpreis in der Sparte „bester Fernsehfilm" ausgezeichnet.

46 Unter http://www.tk/kinder-jugendliche-und-familie/cybermobbing/343739 (nach dem Stand vom 11.12.2011, Umfrageergebnisse TK)

47 Unter http://www.heise.de/tp/artikel/23/23487/1.html (nach dem Stand vom 11.12.2011)

48 Unter http://www.anleiter.de/frage/wie-kann-ich-einen-facebook-kontakt-blockieren-und-sperren#ixzz1hNKLGQ2R (nach dem Stand vom 11.12.2011)

49 Artikel 1, UN-Resolution 217 A (III) vom 10.12.1948

50 Unter http://www.welt.de/wams_print/article1421279/ Respekt_als_Motivationshilfe.html (nach dem Stand vom 11.12.2011)

Adressen

MobbingLine NRW
Telefon: (0 18 03) 100 113 (9 Cent/min)
Das zentrale Mobbingtelefon der Gemeinschaftsinitiative „Gesünder Arbeiten für das Land NRW". In anderen Bundesländern gibt es ähnliche Einrichtungen. Auskunft erteilen die Presse- und Informationsstellen der Landesregierungen.

Bundesgeschäftsstelle des KDA
(Kirchlicher Dienst in der Arbeitswelt)
Telefon: (0 71 64) 2008
Der KDA unterhält flächendeckend in ganz Deutschland Beratungsstellen. Die nächstgelegene lässt sich über die Geschäftsstelle erfragen.

Bundesanstalt für Arbeitsschutz und Arbeitsmedizin
Service-Telefon: (0 180) 3 21 43 21
Hier können Betroffene Fragen stellen und weitere Kontaktadressen bekommen.

Beratungstelefon der Arbeitsgemeinschaft
„No Mobbing" (Hamburg). Hier finden Sie Hilfe bei Mobbing.
Telefon: (0 40) 20 230 209

Verein gegen psychosozialen
Stress und Mobbing e.V. (Wiesbaden)
Telefon: (0 611) 54 17 37

Kirchlicher Dienst in der Arbeitswelt (KDA) (Braunschweig)
Mobbing-Telefon: (0 53 46) 92 400

www.mobbing-help.de
www.mobbing-net.de
www.mobbing-hilfe.de
www.mobbing-gegner.de

Kliniken zur Behandlung von Mobbing-Folgen

Teutoburger-Wald-Klinik
An der Jordanquelle 6, 33175 Bad Lippspringe
Telefon: (0 52 52) 95 46 00, Fax: (0 52 52) 95 46 05
E-Mail: info@medizinisches-zentrum.de

Hochgrat-Klinik Wolfsried
Wolfsried 108, 88167 Stiefenhofen
Telefon: (0 83 86) 96 22-0, Fax: (0 83 86) 41 07
E-Mail: info@hochgrat-klinik.de
www.hochgrat-klinik.de

Spessart-Klinik Bad Orb GmbH
Würzburger Straße 7–11, 63619 Bad Orb
Telefon: (0 60 52) 87-0, Fax: (0 60 52) 87-100
E-Mail: info@spessartklinik.de

Klinik am Homberg
Herzog-Georg-Weg 2, 34537 Bad Wildungen
Telefon: (0 56 21) 793-0, Fax: (0 56 21) 793-262
Servicetelefon (kostenfrei): (0 800) 7 34 11 80
E-Mail: info@klinik-am-homberg.de

Heinrich-Heine-Klinik Potsdam
Am Stinthorn 42, 14476 Potsdam Neu Fahrland
Telefon: (0 33 208) 5 60, Fax: (0 33 208) 5 66 56
E-Mail: info@heinrich-heine-klinik.de

Dr. Ebel Fachkliniken Verwaltungs-GmbH
Mündener Straße 9–13, 34385 Bad Karlshafen
Telefon: (0 56 72) 181-0, Fax: (0 56 72) 181-111
www.ebel-klinik.de

Rehaklinik Glotterbad
Gehrenstraße 10, 79286 Glottertal
Telefon: (0 76 84) 809-0, Fax: (0 76 84) 809-250
E-Mail: info@rehaklinik-glotterbad.de
www.rehaklinik-glotterbad.de

Rehaklinik am Park
Berliner Str. 2, 95138 Bad Steben
Telefon: (0 92 88) 73-0, Fax: (0 92 88) 731-13
E-Mail: info@rehaklinik-am-park.de

Klinik für Psychosomatische
Medizin und Psychotherapie Boppard
Telefon:(0 67 42) 101-66 85, Fax: (0 67 42) 101-66 87
E-Mail: psychosomatik@stiftungsklinikum.de
www.stiftungsklinikum.de/boppard/boppard_psychosomatik.htm

Klinik für Psychosomatische
Medizin und Psychotherapie
Rudolf-Wahrendorff-Str. 11, 31319 Sehnde-Ilten
Telefon: (0 51 32) 90 38 38, Fax: (0 51 32) 90 38 39

Hardtwaldklinik II
Hardtstraße 32, 34596 Bad Zwesten
Telefon: (0 56 26) 88-0, Fax: (0 56 26) 88-11 11
E-Mail: info@hardtwaldklinik2.de

Adula-Klinik
In der Leite 6, 87561 Oberstdorf
Telefon: (0 83 22) 70 90, Fax: (0 83 22) 709-403
www.adula-klinik.de

IPSIS®
Institut für psychotherapeutische Information
Akazienstraße 1, 34311 Naumburg
Telefon: (0 56 25) 92 59 78 (AB), Fax: (0 56 25) 92 59 77
E-Mail: info@ipsis.de